国防科技图书出版基金　"十四五"时期国家重点出版物出版专项规划项目

空间高精度星光测量理论与技术

Theory and Technology of Space High Precision Starlight Measurement

袁利　王立　武延鹏　著

国防工业出版社

·北京·

图书在版编目(CIP)数据

空间高精度星光测量理论与技术/袁利,王立,武延鹏著. —北京:国防工业出版社,2022.10
ISBN 978 – 7 – 118 – 12482 – 8

Ⅰ.①空… Ⅱ.①袁… ②王… ③武… Ⅲ.①恒星 – 天文测量法 Ⅳ.①P128

中国版本图书馆 CIP 数据核字(2022)第 166609 号

※

国防工业出版社出版发行
(北京市海淀区紫竹院南路 23 号 邮政编码 100048)
北京龙世杰印刷有限公司印刷
新华书店经售

*

开本 710×1000 1/16 印张 14 字数 235 千字
2022 年 10 月第 1 版第 1 次印刷 印数 1—2000 册 定价 128.00 元

(本书如有印装错误,我社负责调换)

国防书店:(010)88540777　　　发行邮购:(010)88540776
发行业务:(010)88540717　　　发行传真:(010)88540762

致 读 者

本书由中央军委装备发展部**国防科技图书出版基金**资助出版。

为了促进国防科技和武器装备发展,加强社会主义物质文明和精神文明建设,培养优秀科技人才,确保国防科技优秀图书的出版,原国防科工委于1988年初决定每年拨出专款,设立国防科技图书出版基金,成立评审委员会,扶持、审定出版国防科技优秀图书。这是一项具有深远意义的创举。

国防科技图书出版基金资助的对象是:

(1) 在国防科学技术领域中,学术水平高,内容有创见,在学科上居领先地位的基础科学理论图书;在工程技术理论方面有突破的应用科学专著。

(2) 学术思想新颖,内容具体、实用,对国防科技和武器装备发展具有较大推动作用的专著;密切结合国防现代化和武器装备现代化需要的高新技术内容的专著。

(3) 有重要发展前景和有重大开拓使用价值,密切结合国防现代化和武器装备现代化需要的新工艺、新材料内容的专著。

(4) 填补目前我国科技领域空白并具有军事应用前景的薄弱学科和边缘学科的科技图书。

国防科技图书出版基金评审委员会在中央军委装备发展部的领导下开展工作,负责掌握出版基金的使用方向,评审受理的图书选题,决定资助的图书选题和资助金额,以及决定中断或取消资助等。经评审给予资助的图书,由国防工业出版社出版发行。

国防科技和武器装备发展已经取得了举世瞩目的成就,国防科技图书承担着记载和弘扬这些成就,积累和传播科技知识的使命。开展好评审工作,使有限的基金发挥出巨大的效能,需要不断摸索、认真总结和及时改进,更需要国防科技和武器装备建设战线广大科技工作者、专家、教授,以及社会各界朋友的热情支持。

让我们携起手来,为祖国昌盛、科技腾飞、出版繁荣而共同奋斗!

国防科技图书出版基金
评审委员会

国防科技图书出版基金
2020 年度评审委员会组成人员

主 任 委 员　吴有生
副主任委员　郝　刚
秘 书 长　　郝　刚
副 秘 书 长　刘　华
委　　　员　于登云　王清贤　甘晓华　邢海鹰　巩水利
（按姓氏笔画排序）刘　宏　孙秀冬　芮筱亭　杨　伟　杨德森
　　　　　　吴宏鑫　肖志力　初军田　张良培　陆　军
　　　　　　陈小前　赵万生　赵凤起　郭志强　唐志共
　　　　　　康　锐　韩祖南　魏炳波

序 一

用恒星来导航人类自古有之,近半个世纪以来,随着高分辨率对地观测、空间科学目标探测等宇航任务的开展,对航天器的姿态测量精度提出了越来越高的要求,随之以恒星为参考基准的空间星光测量技术已成为国际上竞相发展的研究热点。

20世纪70年代,国际上已经利用恒星测量开发了星图仪、星跟踪器、星相机等星光测量仪器。我国从80年代中期开始星敏感器的摸索与研制,我和我指导的博士生都在这方面做了些基础工作,经过多年努力,首台星敏感器在2000年中国资源2号卫星上成功应用。我作为该型号卫星的总师兼总指挥,亲历了星敏感器研制团队自力更生、排除万难的攻关历程,从探测器选择、质心算法、星图识别、观星验证等实现了从无到有,星敏感器的首次自主研制和成功在轨应用,开启了我国星光测量技术的新篇章。

空间高精度星光测量技术对导航、遥感、测绘等航天工程任务有着重要的技术支撑。近年来,在一系列国家重大任务的牵引下,星光测量技术发展进入快车道,精度从最初的几十角秒到几角秒再到亚角秒这一不断提升的过程也是技术持续发展的过程,本书作者及其团队是一批星光测量领域的优秀中青年学术带头人,具有创新精神,他们紧密围绕空间高精度星光测量理论与技术,结合航天工程特点与产品开发过程,对制约星光测量精度的参考基准、定心方法、标定模型、测试评估等要素进行了系统介绍,丰富了面向高精度星光测量的参考基准模型、标定理论及测试方法,为我国航天技术的提高、国家重大专项的胜利完成做出了重要贡献。

本书以基础性、创新性研究成果为主,内容丰富、资料翔实、结构合理,既有广度又有深度,具有较好的工程实践参考价值,会对工程技术人员以及高等院校相关专业师生有所启发和帮助。我衷心祝贺本书的出版!

2021年10月

序 二

　　空间星光测量将太空中的恒星作为参考基准实现高精度方向测量，是光学工程、天文、仪器科学、宇航工程等多学科交叉融合的技术。实现空间星光测量的星敏感器已成为航天器的核心通用产品。空间星光测量技术属于航天科技领域的重要前沿技术，具有重要的科学价值和军事价值。

　　本书从未来航天器对高精度空间指向测量技术的需求出发，围绕一系列科学问题，对空间高精度星光测量技术的内涵、误差机理、基准构建、目标定位、标定方法、测试评价等方面进行了全面且系统的阐述，学术思想新颖，内容具体实用。本书既涵盖了基础性、原理性的技术表达，也有新理论、新方法的总结与提炼，既有扎实的、系统的理论描述，也给出了工程推广与应用的技术途径。

　　北京控制工程研究所在星光测量领域有着深厚的技术基础和丰富的工程经验，本书作者团队都是该所的优秀中青年学术骨干，在我国空间星光测量领域具有重要影响力，取得的多项技术成果均填补了国内空白，为完成我国重大航天工程任务作出了突出贡献。

　　本书可为从事航天器空间星光测量、航天器导航与制导技术的专业人员提供参考，也可为高等院校相关专业高年级学生或研究生提供帮助。衷心祝贺本书的出版！

姜会林

2021 年 10 月

前 言

空间高精度指向测量是空间科学与工程未来发展面临的重要问题。一方面，空间引力波探测、系外行星与小天体探测等任务提出了非常高的目标指向测量需求，关系到科学目标能否实现；另一方面，高精度测绘、遥感观测要求地面定位精度更高，自主导航和深空探测任务对自然天体和人造目标的指向测量精度优于0.1″量级。

基于星光测量原理的星敏感器、星相机、精细引导敏感器(fine guidance sensor, FGS)等，达到角秒至毫角秒的指向测量精度。但用于天文观测任务的毫角秒精度的FGS质量达到数百千克，和载荷紧密集成，无法普遍用于其他的空间任务。另外，欧洲盖亚(GAIA)任务发布的DR2高精度天文星表，将恒星位置精度提升到了微角秒量级，可以作为高精度星光测量的数据基础。

北京控制工程研究所在国家部委预研重点项目研究和国家自然科学基金项目支持下，对空间高精度星光指向测量进行了系统性探索，对相关机理、基础理论、技术方法等开展了深入研究，取得了一定的成果。本书基于以上研究内容撰著而成，希望能够推动空间指向测量基础理论的完善与发展。

本书首先给出了空间高精度星光测量的基本原理、内涵，以星光成像测量物理过程为主线介绍了：恒星的目标特性与相对论参考基准，成像链路的物理过程和误差模型，定位误差、视场误差标定方法，高精度的测试验证方面的基础内容和研究工作。以近年来天体测量和星敏感器定心精度极限的理论成果为基础，本书将仪器误差和精度极限扩展到非理想条件，用以引导标定方法的设计和验证。另外，本书尝试将成像过程中的各种误差源集成到统一的指向测量模型，以便于从总体层面进一步认识误差源规律，分析多误差源之间的相互作用，探究行之有效的标定补偿方法。

考虑到高精度星光测量是天体测量、仪器科学、标定理论、实验技术等的交叉融合技术，其涉及的知识散布在文献和书籍中，尚缺乏统一完整的表述。因此，本书写作过程中将各领域相关的基础知识和理论进行了整理和汇总，希望可以自成体系，给读者提供参考。本书共分6章，各章的安排如下。

第1、2章为基础与理论部分。第1章介绍了空间星光测量技术的基本原理、定义，对空间星光测量需求、现状和发展趋势进行了分析，提出了高精度星光测量的关键问题。第2章阐述了高精度测量误差源的影响机理,包括星光相对论时空效应、成像误差特性、空间多物理场影响等。基于上述机理,提出了相对论框架下的参考基准模型、成像链路模型和多物理场综合作用模型,为后续研究奠定理论基础。

第3~6章为专题研究。第3章在相对论参考基准模型基础上,介绍了恒星参考基准构建的技术问题,包括如何建立高精度地面星场、编制仪器导航星表等问题。第4章研究了理想条件和非理想条件下目标成像误差的理论极限,提出了更高精度的目标定位方法。第5章介绍了指向测量仪器的视场误差标定原理和数学模型,研究了地面高精度标定方法和实验平台的不确定度,针对空间多物理场作用下的精度退化提出了在轨标定补偿的方法。第6章分析了高精度测量仪器在典型环境下的测试误差影响因素,研究了在实验室、外场和在轨条件下的精度测试方法和不确定度问题。

各章涉及的参考文献列于章后,可以作为进一步阅读的参考。

在本书撰写过程中,得到了作者团队郑然、程会艳、李林、王苗苗、李玉明、王晓燕、隋杰、鹿瑞、张承钰、孟小迪、钟俊、齐静雅、雷韫璠等博士、硕士的大力支持与帮助,李林博士还对全书进行了文字整理,花费了许多宝贵时间。此外,本书还得到了中国科学院上海天文台齐朝祥研究员、清华大学邢飞教授的帮助和支持,在此一并表示感谢。

感谢"十四五"时期国家重点出版物出版专项规划项目和国防科技图书出版基金的资助,感谢国防工业出版社在出版过程中给予的大力支持。

鉴于作者的知识、水平、能力有限,又由于空间高精度星光测量技术发展很快、学科交叉性强,书中难免会有一些不妥之处,敬请广大读者批评指正。

目 录

第1章 绪论

- 1.1 空间星光测量技术基本内涵 ··· 1
  - 1.1.1 空间星光测量基本原理 ······································· 2
  - 1.1.2 空间高精度测量精度指标体系 ······························· 3
- 1.2 空间高精度星光测量技术应用 ······································ 4
  - 1.2.1 航天器姿态测量 ·· 5
  - 1.2.2 航天器无控定位指向测量 ····································· 5
  - 1.2.3 空间攻防指向测量 ··· 7
  - 1.2.4 航天器全自主导航指向测量 ·································· 8
- 1.3 空间星光测量仪器研究现状及发展趋势 ·························· 9
  - 1.3.1 研究现状 ·· 9
  - 1.3.2 空间星光测量技术发展趋势 ·································· 14
  - 1.3.3 影响测量精度的主要问题 ···································· 18
- 参考文献 ··· 20

第2章 空间高精度测量误差机理

- 2.1 目标成像误差体系分析 ··· 27
  - 2.1.1 目标成像物理过程 ··· 27
  - 2.1.2 成像测量误差体系 ··· 30
- 2.2 精度影响机理分析 ··· 32
  - 2.2.1 天文效应作用机理 ··· 32
  - 2.2.2 目标成像误差特性机理 ······································· 38
  - 2.2.3 空间多物理场环境作用机理 ·································· 41
- 2.3 误差链路建模 ··· 51
  - 2.3.1 相对论框架下参考基准模型 ·································· 51

2.3.2 目标成像链路模型 ·· 57
　　2.3.3 多物理场综合作用求解方法简述 ·· 63
2.4 本章小结 ·· 64
参考文献 ·· 65

第3章　空间高精度指向参考基准构建

3.1 现行参考基准 ·· 67
　　3.1.1 天文参考基准 ·· 67
　　3.1.2 天文星表 ·· 69
3.2 相对论框架下参考基准模型 ·· 72
　　3.2.1 引力偏折修正 ·· 72
　　3.2.2 光行差修正 ·· 73
　　3.2.3 视差修正 ·· 74
3.3 仪器用导航星表编制 ·· 74
　　3.3.1 原始星表的选择与确认 ··· 75
　　3.3.2 仪器星等计算与验证 ··· 76
　　3.3.3 匀化方法 ·· 85
3.4 地面参考基准构建方法 ·· 92
　　3.4.1 外场参考基准构建方法 ··· 92
　　3.4.2 实验室参考基准构建方法 ··· 94
3.5 本章小结 ·· 103
参考文献 ·· 103

第4章　成像目标定心

4.1 传统星点定心方法 ·· 105
　　4.1.1 质心法 ·· 105
　　4.1.2 灰度平方加权法 ··· 106
　　4.1.3 阈值质心法 ··· 107
　　4.1.4 高斯曲面拟合法 ··· 107
　　4.1.5 抛物曲面拟合法 ··· 108
　　4.1.6 椭圆拟合法 ··· 109
4.2 目标定位精度极限分析 ·· 110

    4.2.1 CRLB 理论的定义与性质 ·········· 110
    4.2.2 理想条件下星点定心的 CRLB ·········· 113
    4.2.3 CRLB 在非理想情况下的拓展 ·········· 116
  4.3 高精度成像目标定心方法 ·········· 118
    4.3.1 APS 探测器像素级特性建模与机理研究 ·········· 118
    4.3.2 几何光学像差与色差 ·········· 122
    4.3.3 基于能量迭代的窗口自适应调整目标定位 ·········· 124
    4.3.4 基于时域扩展序列星图的像素级滤波方法 ·········· 126
    4.3.5 基于 ePSF 模型的目标定位方法 ·········· 126
  4.4 本章小结 ·········· 132
  参考文献 ·········· 132

第 5 章 指向测量仪器标定方法

  5.1 跨尺度标定方法 ·········· 134
  5.2 空间指向测量仪器像素级标定 ·········· 135
    5.2.1 探测器性能测试参数 ·········· 135
    5.2.2 探测器像素空间误差 ·········· 137
    5.2.3 像素空间误差标定方法 ·········· 140
    5.2.4 探测器像素空间误差标定实验 ·········· 143
  5.3 空间指向测量仪器视场级标定 ·········· 145
    5.3.1 内部参数法 ·········· 146
    5.3.2 单星标定 ·········· 151
    5.3.3 FGS 光学系统畸变标定 ·········· 158
  5.4 空间指向测量仪器轨道级标定 ·········· 162
    5.4.1 成像畸变标定 ·········· 164
    5.4.2 FGS 天文测量模型标定 ·········· 166
  5.5 本章小结 ·········· 173
  参考文献 ·········· 173

第 6 章 仪器误差测试与评估

  6.1 实验室测试方法分析 ·········· 177
    6.1.1 实验室验证影响因素分析 ·········· 177

6.1.2　实验室测试方法 ·· 179
6.2　外场测试方法分析 ·· 184
　　6.2.1　外场验证影响因素分析 ·· 184
　　6.2.2　外场测试及评估方法 ··· 185
6.3　在轨评估方法分析 ·· 189
　　6.3.1　在轨评估影响因素分析 ·· 189
　　6.3.2　在轨测试及评估方法 ··· 191
6.4　空间高精度测量不确定度分析 ··· 196
6.5　本章小结 ··· 200
参考文献 ·· 200

Contents

Chapter 1 Introduction

1.1 Basic connotation of space high precision starlight measurement technology ⋯ 1
   1.1.1 Basic principle of space starlight measurement ⋯ 2
   1.1.2 Space high precision pointing measurement accuracy index system ⋯ 3

1.2 Application of space high precision starlight measurement technology ⋯ 4
   1.2.1 Measurement of spacecraft attitude ⋯ 5
   1.2.2 Pointing measurement of spacecraft uncontrolled positioning ⋯ 5
   1.2.3 Pointing measurement of space attack and defense ⋯ 7
   1.2.4 Pointing measurement of spacecraft autonomous navigation ⋯ 8

1.3 Research status and development trend of space starlight measurement instruments ⋯ 9
   1.3.1 Research status ⋯ 9
   1.3.2 Development trend of space starlight measurement technology ⋯ 14
   1.3.3 Main problems affecting measurement accuracy ⋯ 18

Reference ⋯ 20

Chapter 2 Error mechanism of space high precision measurement

2.1 Analysis of the target imaging error system ⋯ 27
   2.1.1 Physical process of target imaging ⋯ 27
   2.1.2 Error system of imaging measurement ⋯ 30

2.2　Analysis of the mechanism of precision influence 32
　2.2.1　Mechanism of astronomical effect 32
　2.2.2　Error characteristic mechanism of target imaging 38
　2.2.3　Environmental mechanism of spatial multi physical field 41
2.3　Error link modeling 51
　2.3.1　Reference datum model under relativistic framework 51
　2.3.2　Target imaging link model 57
　2.3.3　Introduction of the solution of the comprehensive action of multi physical fields 63
2.4　Summary 64
Reference 65

Chapter 3　Construction of reference datum of space high precision measurement

3.1　Current referencedatum 67
　3.1.1　Astronomical reference datum 67
　3.1.2　Astronomical star catalogue 69
3.2　Reference datum model under relativistic framework 72
　3.2.1　Correction of gravity deflection 72
　3.2.2　Correction of optical aberration 73
　3.2.3　Correction of parallax 74
3.3　Preparation of navigation star catalogue for instrument 74
　3.3.1　Selection and confirmation of original star catalogue 75
　3.3.2　Calculation and verification of instrument star level 76
　3.3.3　Homogenization method 85
3.4　Construction method of ground reference datum 92
　3.4.1　Construction method of reference datum of outfield 92
　3.4.2　Construction method of reference datum in laboratory 94
3.5　Summary 103
Reference 103

Chapter 4 Imaging target centroiding

4.1 Traditional star point centroiding method ········· 105
   4.1.1　Centroiding method ········· 105
   4.1.2　Gray square weighting method ········· 106
   4.1.3　Centroid method with threshold ········· 107
   4.1.4　Gaussian surface fitting method ········· 107
   4.1.5　Paraboloid surface fitting method ········· 108
   4.1.6　Ellipse fitting method ········· 109
4.2 Limit analysis of target centroiding accuracy ········· 110
   4.2.1　Definition and properties of CRLB theory ········· 110
   4.2.2　CRLB with star point centroiding under ideal conditions ········· 113
   4.2.3　CRLB expansion in non ideal conditions ········· 116
4.3 Method of high precision imaging target centroiding ········· 118
   4.3.1　Modeling and mechanism research of APS detector pixel characteristics ········· 118
   4.3.2　Geometric optical aberration and color difference ········· 122
   4.3.3　Adaptive adjustment of target location based on energy iteration ········· 124
   4.3.4　Pixel level filtering method based on extended sequence star map in time domain ········· 126
   4.3.5　Target location method based on ePSF model ········· 126
4.4 Summary ········· 132
Reference ········· 132

Chapter 5 Calibration method of pointing measurement instruments

5.1 Cross scale calibration method ········· 134
5.2 Pixel level calibration of space pointing measuring instruments ········· 135
   5.2.1　Detector performance parameter test ········· 135

	5.2.2	Detector pixel space error	137
	5.2.3	Calibration method of pixel space error	140
	5.2.4	Calibration experiment of detector pixel space error	143

5.3 Calibration of field of view of space pointing measuring instruments 145

    5.3.1 Internal parameter method 146
    5.3.2 Single star calibration method 151
    5.3.3 Distortion calibration of FGS optical system 158

5.4 Calibration of track level of space pointing measuring instruments 162

    5.4.1 Imaging distortion calibration 164
    5.4.2 Calibration of FGS astronomical measurement model 166

5.5 Summary 173

Reference 173

Chapter 6   Instrument error test and evaluation

6.1 Analysis of laboratory test methods 177

    6.1.1 Analysis of influencing factors of laboratory verification 177
    6.1.2 Laboratory test method 179

6.2 Analysis of field test method 184

    6.2.1 Analysis of influencing factors of field verification 184
    6.2.2 Field test and evaluation method 185

6.3 Analysis of on orbit assessment method 189

    6.3.1 Analysis of influencing factors of on orbit assessment 189
    6.3.2 On–orbit test and evaluation method 191

6.4 Analysis of uncertainty of space high precision measurement 196

6.5 Summary 200

Reference 200

第 1 章
绪论

随着航天技术从无到有再到高性能发展,人类探索和开发太空资源的热潮持续高涨,空间环境的战略地位一直在快速地演化。高分辨率对地观测、空间站建设、深空探测、星际通信、引力波探测等空间活动日益频繁和复杂。另外,世界格局不断消长变化和重新分化组合,使得国际形势愈加严峻,未来太空作战的趋势逐渐加剧,太空作为一种新的疆域,在政治、经济、军事等方面的战略地位日益提高。

以大比例尺测绘卫星、自主导航卫星、光学成像侦察卫星、目标监视预警卫星等为代表的高性能卫星是未来发挥空间优势的基础,也是航天强国的重要标志。无论是军事空间应用、商业空间应用还是载人空间探测,如何获取航天器的精确姿态、指向测量等信息来保障其顺利完成各项空间任务,已成为世界各国亟需解决的问题,也是国际上各航天研发机构的研究热点。

新一代高性能卫星所肩负的空间任务更加多样化、复杂化,因此对空间星光测量技术提出了更高的要求。本章首先介绍了空间星光测量技术的基本原理、内涵和指标体系;然后介绍了空间高精度星光测量技术在航天器姿态测量、空间目标监视和北斗全自主导航场景中指向测量方面的应用需求,指明了空间高精度星光测量的重要性;其次概括了国内外典型星光测量仪器的研究现状,包括星敏感器、星相机和监视相机等,基于以上内容,论述了空间星光测量技术的难点和发展趋势;最后指出了空间高精度星光测量技术所涉及的关键问题。

1.1 空间星光测量技术基本内涵

空间星光测量技术[1]一般是指以已知准确空间位置、不可毁灭的自然天体为基准,通过光电探测方式获取天体图像,经图像处理被动探测天体位置,最终解算空间飞行器的姿态、指向等关键信息的技术,广泛应用于航空、航天、航海等领域。空间星光测量技术包含星光测量理论、方法及测量仪器,覆盖光学、机械、电子学、热学等多门学科,难度大且具有重要的战略应用价值,相比于其他测量手段,具有抗干扰、被动探测、可靠性高、自主性好、精度高、可全天候工作等优势。目前定向测量精度已达到亚角秒级,如美国的 AST-301 星敏感器测姿精度为 $0.54''(3\sigma)$[2]、国内的星敏感器测姿精度高达 $0.3''(3\sigma)$[3]。根据测量精度水平划分的精度类别如表 1-1 所列。

表 1-1　精度类别划分

类别	指标水平/(″)
高精度	1~3
甚高精度	0.6~1
超高精度	0.1~0.6
极高精度	<0.1

1.1.1　空间星光测量基本原理

空间飞行器上的光学相机、激光武器等载荷开展工作首先要瞄准目标,瞄准的方向称为空间指向[1]。其数学定义为空间指向矢量在惯性天球参考坐标系下的坐标,空间测量技术[1-4]是指测量空间指向的理论、方法及仪器技术。

对于当前的空间测量技术,惯性空间中最高精度的空间参考基准是遥远的自然天体(如恒星、类星体)。通常情况下,测量仪器以恒星为参考测量并解算空间指向,测量原理示意如图 1-1 所示。

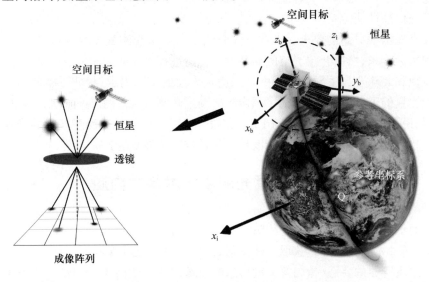

图 1-1　空间指向测量仪测量原理示意图

图1-1中,空间指向测量仪的本体坐标系($O_b - x_b y_b z_b$)是以光轴矢量方向为z_b轴定义的右手坐标系。执行任务时,测量仪通过光学系统对恒星背景及目标探测成像,由图像提取恒星及目标信息,识别恒星并完成姿态解算,得到光轴在惯性参考坐标系($O_i - x_i y_i z_i$)的坐标信息(以下统称为光轴指向)。根据以上惯性姿态可进一步求取目标相对于测量仪的观测矢量在惯性参考坐标系下的坐标(以下统称目标指向)。目标指向解算过程中,目标或光轴的空间指向在惯性坐标系和测量仪的本体坐标系之间的关系可表示为

$$\varsigma_i = \bm{A}_{ib} \varsigma_b + e_i \qquad (1-1)$$

式中:ς_b为目标或光轴空间指向在本体坐标系中的坐标矢量;$\bm{A}_{ib}$为本体坐标系到惯性坐标系的转换矩阵;e_i为测量误差。

空间指向测量结果中的光轴指向信息可为航天器提供姿态信息,为测绘、遥感的定位精度提供基本保障;空间目标指向信息可为天基武器提供精确的瞄准方向,也可用于航天器星间观测、导弹预警等领域。

1.1.2 空间高精度测量精度指标体系

剖析影响空间高精度指向测量的测量目标和光轴测量精度的内在、外在因素,可以将最终的指向测量误差分解为最根本的几项测量因素,形成空间高精度指向测量精度指标体系,如图1-2所示。

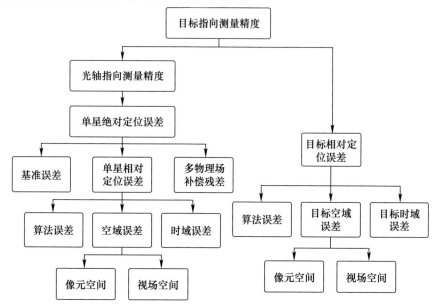

图1-2 空间指向测量精度指标体系

高精度指向测量仪器是空间高精度星光测量技术实现的有效载体,其精度指标体系主要包含光轴指向测量精度、基准误差、单星相对定位精度和多物理场补偿残差 4 个方面的内容。

1. 光轴指向测量精度

假设指向测量仪器真实姿态指向为 Q_t,测量姿态为 Q_{st},则误差四元数 Q_{error} 表示为

$$Q_{error} = Q_{st}^{-1} \cdot Q_t \tag{1-2}$$

将误差四元数 Q_{error} 转化为 1—2—3 转序的欧拉角 (θ, ψ, φ),则光轴测量精度是指 x 轴和 y 轴的欧拉角误差,表示为

$$x_{error} = \mathrm{rms}(\theta), y_{error} = \mathrm{rms}(\psi) \tag{1-3}$$

2. 基准误差

从恒星或空间目标发出的光子到探测器成像过程所经历的误差[4-8]主要有星表、天体运动、路径中对时空效应和观测者运动参数不准确带来的误差。涉及的天文效应主要包括天体自行、径向运动、视差、引力偏折、光行差等[9-11]。

3. 单星相对定位精度

单星相对定位精度误差主要包括[1,12-16]以下内容。

(1) 信号本身误差和对信号进行参数测量的定心算法误差。

(2) 由读出电路、探测器、光源等内部因素导致的随机误差。

(3) 由成像链路的光学系统、探测器自身缺陷和标定流程导致的空域误差等。

其他类似可观测的目标可视为特定的星点,其观测矢量测量精度即单目标定位精度,评价方式同单星定位精度。

4. 多物理场补偿残差

多物理场补偿残差主要指由外界因素引起的误差,包括光学、机械、力学、热学、空间辐射等方面[17-26],其中以温度效应最为明显,使得空间指向具有丰富的时频变化且难以消除,该项是系统误差的主要构成项。

1.2 空间高精度星光测量技术应用

高性能卫星在当今军事战争中具有不可替代的作用。以美国为代表的发达国家在天基平台发展了多种高性能军用侦察卫星、预警卫星、测绘卫星、天基监视卫星、导航定位卫星、通信卫星、气象卫星、反卫星武器平台等高端装备,建立了完备的军事卫星体系。未来,以低轨超高比例尺测绘卫星、高轨遥感卫星、空

间攻防卫星、北斗全自主导航星座卫星、空间态势感知卫星的需求最为迫切。

重点地区的大比例尺地形测绘在地面详查、战场环境和军事目标精细三维重建、自然灾害预报、救援等方面具有先天优势,对于未来指挥巷战、实施精确打击有重要军事价值。全色分辨率、无控定位(平面/高程)精度是测绘卫星最关键的指标。高轨遥感卫星位于地球同步轨道,可实现分钟级预警及战况评估,平面定位精度是高轨遥感卫星的关键指标。天基攻防卫星在现代战争中的作用越来越大,如何精确击伤或击毁敌方卫星尤为关键。天基激光武器系统中,武器光轴指向精度是影响到靶功率密度的重要因素。

目前,美国、俄罗斯等航天技术发达国家已将空间星光测量技术应用于高精度空间目标监视与定向、载荷基准监测及标校、激光惯性指向测量等任务[27-38]。

1.2.1 航天器姿态测量

星敏感器作为空间星光测量的典型仪器,对它的研究起步于20世纪50年代。20世纪70年代初期,电荷耦合器件(charge coupled device,CCD)技术的出现以及集成电路的发展为星敏感器的换代提供了良好的契机,更大视场和像素阵列的CCD星敏感器研制成功。20世纪80年代中期,随着高速微处理器以及大容量存储器的出现,CCD星敏感器实现了全天区自主星图识别和实时姿态角输出。20世纪90年代,有源像素传感器(active pixel sensor,APS)技术开始应用于星敏感器的研制,且在质量、功耗等方面更具有优势。自此之后,自主式CCD/APS星敏感器技术日趋成熟,成为真正意义上自主的姿态测量部件。2000年以后,得益于探测器技术、光学设计加工工艺以及信息处理技术的突飞猛进,星敏感器综合性能大幅提升,测量精度达 $3''(x/y$ 轴,$3\sigma)$。

星敏感器姿态测量精度达亚角秒级。国际上德国耶拿公司(Jena-Optronik)、法国索登公司(SODERN)和意大利伽利略公司(Galileo)具有雄厚的技术积淀;国内北京控制工程研究所、北京航空航天大学、清华大学、上海航天控制技术研究所以及中国科学院下属研究所等多家机构在星敏感器技术发展方面均作出了积极贡献。

1.2.2 航天器无控定位指向测量

航天器无控定位是指不依赖地面控制点参与,仅依靠航天器获取的影像以及配套的辅助测量数据实施的高精度定位。受卫星轨道测量精度、姿态确定精度、系统误差、相机内参标定等因素的影响,航天遥感影像对地面目标进行精确定位一般需要地面控制点的参与。但是,世界上欠发达地域约90%为无图区,并且存在无法布设控制点的地区以及战时不利等因素,使得不需要地面控制点参与的无控定位尤为重要(图1-3)。

图1-3 航天器无控定位指向测量

国外先进测绘工程领域均把达到较高水平的无控定位作为理想目标。表1-2所列为国内外典型测绘、遥感卫星的若干指标对比。从表中可以看出,低轨方面,2007年以前的光学卫星,即使影像分辨率很高,但无控定位精度仍较低,而2007年以后,影像分辨率相差不大,但无控定位精度却有质的飞跃。

表1-2 国内外典型测绘、遥感卫星的指标对比

型号	发射年份	国家	轨道类型	星下点地面全色分辨率/m	星敏感器精度(1σ)	水平定位精度/m(1.64σ) 有控	水平定位精度/m(1.64σ) 无控
SPOT-5	2002	法国	低轨	2.5~5	低频:3.3″;高频:1.7″	16	<50
ALOS	2006	日本	低轨	2.5	低频:≤1″;高频:0.7″	5	20
"高景"1号	2016	中国	低轨	0.5	1″	—	7.5
Quickbird-2	2001	美国	低轨	0.61	≤1″	2	23
GeoEye-2	2013	美国	低轨	0.34	≤0.18″	—	<3
WorldView-3	2014	美国	低轨	0.31	≤0.18″	—	—
KH-12	2001	美国	低轨	0.1	—	—	—
GF-4	2016	中国	高轨	50	≤0.3″	—	km级

我国高分 4 号卫星,分辨率为 50m,地面定位精度达千米级[40-42];欧洲航天局(European Space Agency,ESA)研制的"地球静止轨道 – 眼睛"(GEO – Oculus)卫星[43-44]的静止轨道高分辨率相机分辨率为 20m,定位精度为 500m;法国计划的光学合成孔径卫星(3m)、美国劳伦斯 – 利弗莫尔国家实验室的"眼镜"(Eyeglass)计划(1m)、美国国防部高级研究计划局(Defense Advanced Research Projects Agency,DARPA)启动的薄膜光学成像器实时应用(MOIRE)计划(0.6m)等,定位精度更高。

我国于 2016 年编制的《数字地形图系列和基本要求》,对无控定位精度提出了更高要求,如表 1 – 3 所列[39]。可见,对于 1:2000 比例尺测绘,平面、高程定位精度分别为 0.6m、0.5m。

表 1 – 3　数字地形图系列和基本要求(GB/T 33176—2016)

地形图比例尺		平地/m	丘陵地/m	山地/m	高山地/m
1:500 ~ 1:2000		0.6	0.6	0.8	0.8
1:5000 ~ 1:200000		0.5	0.5	0.75	0.75
1:500	注记点	0.4	0.4	0.5	0.7
	等高线	0.5	0.5	0.7	1.0
1:1000	注记点	0.5	0.5	0.7	1.5
	等高线	0.7	0.7	1.0	2.0
1:2000	注记点	0.5	0.5	1.2	1.5
	等高线	0.7	0.7	1.5	2.0
1:5000	注记点	0.35	1.2	2.5	3.0
	等高线	0.5	1.5	3.0	4.0

遥感卫星利用卫星轨道、姿态、星时数据以及相机参数等建立严密的几何成像模型,计算遥感影像上任一点对应于地面上的地理位置,进而建立低轨平面/高程无控定位精度与指向测量精度之间的关系。按低轨测绘卫星对高程的发展要求,未来姿态指向测量精度应达到数十毫角秒量级。

1.2.3　空间攻防指向测量

空间攻防包括 3 个方面内容:态势感知、空间进攻和空间防御。天基攻防相对于地基系统,在观测时间、观测范围、地理位置、观测目标大小、观测精度等方面具有独特的优势。发展天基空间监视系统、天基反卫星武器,实现空间目标可远距离成像、瞄准、打击的目的,是空间攻防的重要发展方向。其中,以空间激光武器要求的指向精度最高,如图 1 – 4 所示。

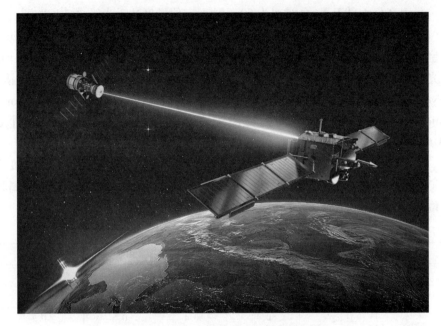

图1-4　空间攻防卫星指向测量示意图

空间激光武器是一种利用沿一定方向发射的高能激光来攻击敌方目标的天基武器。20世纪70年代末，美国德雷珀实验室开启研究天基激光武器"阿尔法"计划，2002年发展出新一代高性能惯性伪星参考装置(inenial pseudo star reference unit，IPSRU)。苏联20世纪80年代后期研制出天基激光武器原理样机，并成功进行了11次试验。美国在研的ACCESS卫星，要求光轴测量精度达到0.001″，指向稳定度达到0.001″/1000s，抖动效应优于0.001″(10Hz)/0.0001″(>10Hz)。美国海军计划部署天基联合毫角秒探路者测量任务(JMAPS)卫星，对14等亮度的空间目标具有0.01″的指向测量精度。

1.2.4　航天器全自主导航指向测量

卫星导航系统可发送高精度、全天候的导航、定位和授时信息，导航系统的精度由卫星轨道精度和授时精度决定，而目前卫星轨道确定主要由地面测控站完成，航天器自主导航技术已引起世界航天大国的青睐，工作指向测量示意如图1-5所示。

我国全自主卫星导航系统基于星相机照相观测的方式，获取星座卫星的相对位置矢量在惯性空间中的指向信息，对星座的整体旋转形成有效的几何约束，从而解决卫星星座组成的空间多面体相对于地心惯性坐标系(ECI)定向的问

图 1-5 星座卫星全自主导航指向测量示意图

题。空间目标测量精度决定了星座中轨道(MEO)卫星、静止轨道(GEO)卫星和倾斜地球同步轨道(IGSO)卫星的位置估计精度。

1.3 空间星光测量仪器研究现状及发展趋势

空间星光测量技术最初是基于恒星星光矢量确定航天器的惯性姿态。近年来,得益于光学、电子学、微机电、计算机等技术的快速发展和航天重大任务需求牵引,空间星光测量敏感器的研究及其应用均得到了迅猛发展。

1.3.1 研究现状

1. 星敏感器研究现状

作为典型的空间星光测量敏感器,星敏感器的研究起步于20世纪50年代。早期的星敏感器受限于析像管探测器[45]的稳定度、尺寸、质量、磁效应和高压击穿等问题,难以进一步发展和使用。20世纪70年代初期,电荷耦合器件(CCD)技术的出现以及集成电路的发展为星敏感器的换代提供了良好的契机,更大视场和像素阵列的CCD星敏感器研制成功[46]。此类星敏感器缺少自主星图识别和姿态计算功能,属于非自主式星敏感器。20世纪80年代中期,随着高速微处理器以及大容量存储器的出现,CCD星敏感器实现了全天区自主星图识别和实时姿态角输出[47-48]。20世纪90年代,有源像素传感器APS技术开始应用于星敏感器的研制[48-54],且在质量、功耗等方面更具有优势。自此之后,自主式CCD/APS星敏感器技术日趋成熟,成为真正意义上完全自主的姿态测量部件。2000年以后,得益于探测器技术、光学设计、加工工艺以及信息处理技术的突飞猛进,星敏感器综合性能大幅提升,国内外在精度、动态性能、数据更新率、轻量化[50,55-56]等方面均取得了较大的进展,形成了丰富的产品体系。

在精度提升方面,当前主流产品为$3''\sim15''(3\sigma)$的星敏感器;少数产品为优于$1''(3\sigma)$的星敏感器,即突破了亚角秒级测量精度水平。

高精度星敏感器的典型代表有:德国耶拿公司开发的ASTRO 15[57]、ASTRO APS星敏感器[58];法国索登公司的SED16、SED26星敏感器[59];意大利伽利略公司的A-STR、AA-STR星敏感器等[55]。国内高精度星敏感器的研制和发展同样非常活跃,北京控制工程研究所、北京航空航天大学、清华大学、上海航天控制技术研究所以及中国科学院下属研究所等多家单位均有代表性的产品[2],此类产品一般采用一体化结构设计,多应用于遥感卫星及导航卫星,覆盖高、中、低轨。下面选取国内外目前在轨运行较多的高精度CCD/APS星敏感器,其主要技术指标如表1-4所列[1]。

表1-4 国内外典型高精度星敏感器技术指标

型号	ASTRO 15	ASTRO APS	ST-HA-CCD1-1	ST-HA-APS3-1
厂家	耶拿	耶拿	北京控制工程研究所	北京控制工程研究所
国别	德国	德国	中国	中国
尺寸/(mm×mm×mm)	258×148×130	120×120×230	463×170×150	130×130×259
结构形式	一体化	一体化	一体化	一体化
探测器	CCD	CMOS APS	CCD	CMOS APS
质量/kg	3.0	1.98	4.912	2.3
功耗/W	11.2	11.2	12.8	7
精度(3σ)/('')	3(x/y轴),30(z轴)	3(x/y轴),24(z轴)	6(x/y轴),30(z轴)	3(x/y轴),24(z轴)
数据更新率/Hz	4	10	5	10
捕获时间/s	—	<5	<3	<1
动态性能/((°)/s)	0.3~2.0	5.0	0.6	4.0
通信接口	RS422/1553B	RS422/1553B	RS422	RS422/1553B

续表

型号	ASTRO 15	ASTRO APS	ST-HA-CCD1-1	ST-HA-APS3-1
一次电源/V	28(20~50)	28(20~50)	28(25~31)	28/42/100
太阳抑制角/(°)	30	26	40	26
视场/(°)	13.8×13.8	φ20	10.0×10.0	φ20
寿命/年	18(GEO)	18(GEO)	10	15(GEO)

通过表1-4中数据可知,APS高精度星敏感器比CCD高精度星敏感器的体积和质量更小、功耗更低。国内高精度星敏感器在精度、更新率、动态性能、杂光抑制能力等方面与国外水平相当,在初始捕获时间方面优于国际同类产品。

甚高精度星敏感器由于研制技术难度大、代价高,目前只有少数技术实力较强的机构有个别产品具有在轨应用经验。典型代表有:法国索登公司为英联邦地球观测SPOT系列之昴宿星(PLEIADES)研制的SED36星敏感器[60-61];美国保尔公司研制的HAST星敏感器[65]成功应用在对地观测卫星(Worldview)上[62];美国洛克希德·马丁公司研发的AST-301自主星敏感器作为主要的姿态测量部件应用在喷气推进实验室(JPL)的空间红外望远镜装置(space infrared telescope facility, SIRTF)上;国内在更高精度对地观测等任务需求的牵引下,近年来开展了亚角秒星敏感器技术的攻关,目前已有产品进行了飞行验证。国内外典型甚高精度星敏感器的技术指标对比如表1-5所列[1]。

表1-5 国内外典型甚高精度星敏感器技术指标

型号	SED36	HAST	AST-301	ST-VHA-CCD-1	ST-SP-UHA-APS-1
厂家	索登	保尔	洛克希德·马丁	北京控制工程研究所	北京控制工程研究所
国别	法国	美国	美国	中国	中国
质量/kg	3.7	13.6	7.1	7.7	11
结构形式	分体式	分体式	一体化	分体式	分体式
功耗/W	8.4	≤120(2OH+1EU)	≤14	≤18	≤17
精度(3σ)/(″)	0.8(x/y轴),6.3(z轴)	0.6(x/y轴),—(z轴)	0.54(x/y轴),15.3(z轴)	0.93(x/y轴),8.2(z轴)	0.3(x/y轴),15(z轴)
数据更新率/Hz	1~10	2	2	2	8
捕获时间/s	<4	—	<3	<10	<6
动态性能/((°)/s)	1.0~10.0	4	2.1	0.6	0.2

续表

型号	SED36	HAST	AST-301	ST-VHA-CCD-1	ST-SP-UHA-APS-1
通信接口	RS422/1553B	RS422	RS422/1553B	RS422/1553B	1553B
一次电源/V	20~50(50~100)	28(22~36)	28(22~50)	28(25~32)	100
太阳抑制角/(°)	30	—	—	40	35
视场/(°)	—	8.8×8.8	5.0×5.0	5.0×5.0	$\phi 2$
寿命/年	5(LEO)	—	—	8	15

高精度星敏感器一般选择小视场加大面阵方案保证单星定位精度,采用分体式结构优化热设计保证高稳定性和低热漂,采用高精度地面及在轨标定方法提高测量精度。

在动态性能方面,法国索登公司研制的 HYDRA 星敏感器表现尤为突出。通过多探头组合模式,配合高精度图像与姿态融合处理方法,能够实现无陀螺卫星姿态控制,可确定角速度最高可达 10(°)/s,在姿态丢失的情况下,可在 8(°)/s 的角速度下完成姿态捕获,实际在轨(SPOT6 卫星)正常情况下的数据更新率为 16 Hz[63]。国内北京控制工程研究所、北京航空航天大学和清华大学在此领域也取得了突破性进展[2]。

在轻量化方面,主流产品在同等精度条件下质量和功耗越来越小,其次国内外在超高集成度结构设计技术、快速星点提取定位算法和鲁棒性更好的星图识别算法方面取得了突破,纳皮型星敏感器领域硕果累累[64-69]。研制了质量在 100g 以下、精度在 $3''\sim10''(3\sigma)$ 水平的超小型高精度星敏感器,典型代表为加拿大瑞尔森大学与辛克莱星际公司联合开发的 ST-16 星敏感器[65],国内典型代表是清华大学研制的皮型星敏感器 PST 系列[70]。

另外,国际上一些单位和机构开展了新型星敏感器的探索开发工作。例如,美国恒星视觉技术公司开发的恒星陀螺星敏感器 SG100[71],以高达 100 Hz 的更新速率输出高精度姿态和卫星角速度,可避免陀螺零漂的现象;美国 OPC 公司在美国海军项目支持下研制出的基于干涉测量的新型星敏感器[72],通过增加光学干涉前端,解耦了光学镜头、探测器分辨率与测量精度之间的关系;加拿大瑞尔森大学的研发团队开发的彩色星敏感器[73],将恒星颜色信息引入传统的几何匹配模式中,但也带来了信噪比下降、星数不足等问题。

2. 星相机及监视相机研究现状

基于星光测量技术的星敏感器在航天器姿态测量方面有着深入的应用,此外,同样采用星光测量原理的星相机和监视相机也得到了快速发展。目前国际上已将空间星光测量技术应用于高精度空间目标监视与定向、载荷基准监测及标校、激光惯性指向测量等任务中。

基于星光测量技术进行空间目标监视的原理如图1-6所示[1],在某监视任务时段内,测量星敏感器对指向天区恒星背景及空间目标连续成像。通过恒星提取、识别及匹配获得惯性姿态的同时,利用目标与背景恒星所表现出的运动特性差异进行目标证认。最终根据惯性姿态及目标相对位置可确定其惯性空间指向。此处的空间目标包括人造天体、X射线源等。

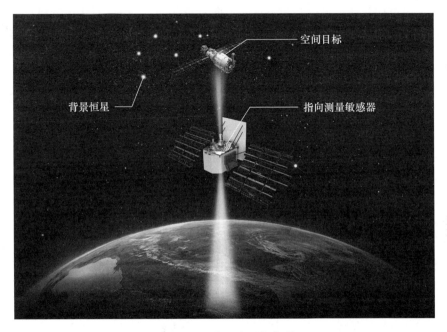

图1-6 空间目标监视场景

国外在这方面开展过很多研究工作。美国在1996年发射空间中段试验卫星(MSX)[27-28]时,就搭载天基可见光相机(SBV)进行了关键技术验证。该相机的指向测量精度达到0.8″(1σ),可对7~15等亮度的卫星进行探测和定向。

随后,美国发射了天基空间目标监视系统(SBSS)的首颗卫星,SBV正式转为美国空间监视网的一部分[29]。此外,美国国家航空航天局(NASA)的自主交会技术演示卫星(DART)[30-31]和美国国防部高级研究计划局的"轨道快车"(OE)任务[31]均采用空间星光测量技术对追踪卫星和目标卫星的相对距离、相对方向和姿态进行测量。

NASA于1999年发射的Chandra X射线卫星,配置了保尔公司研制的方位测量相机,能够为卫星提供实时的姿态数据,并对X射线源定向观测,测量精度

达到 $0.2''(1\sigma)$[32-33]。

美国海军计划部署天基联合毫角秒探路者测量任务(JMAPS)[34-35]，该任务拟通过在卫星平台上安装光学望远镜的方式，对14等亮度的空间目标进行观测，以达到毫角秒级的指向测量精度，支持星间定向和卫星定位。

加拿大的蓝宝石(SAPPHIRE)任务[36]中同样采用了光学探测星敏感器来确定人造天体的惯性指向，该星敏感器指向测量精度优于 $1''(1\sigma)$。

国内西安光学精密机械研究所、北京空间机电研究所、北京控制工程研究所等多家单位均开展了目标监测及星间方向测量的应用研究，一些星相机产品已进行了在轨飞行验证。目前国内可以对目标卫星进行捕获识别，但在目标定轨编目方面与国外还存在差距，尚未建立健全的空间目标监视网络。

3. 载荷基准检测及标校研究现状

载荷的基准是否发生变化在一定程度上决定了其工作质量，如对地观测相机的视轴指向与星敏感器所在姿态测量系统之间的关联基准精度将直接影响卫星的地面定位精度。一般情况下，机械固连方式能够减小一部分基准传递误差，但无法避免轨道力、热环境变化带来的变形影响。目前国际上一些天文观测卫星已经将空间星光测量技术应用于基准监测及标校，主要思路是通过主动光源引光建立星上载荷及整个工作链路上测量部件之间的联系，实时监测和修正基准漂移。

德国的X射线卫星[37-38]，通过安装在载荷焦平面的主动光源发射光线，经过棱镜折转后进入星敏感器的视场内成像，从而得到载荷光轴和星敏感器光轴之间的实时角度关系，用于观测数据的事后修正和处理，测量精度为 $1''(1\sigma)$。

俄罗斯资源和侦察卫星系列上所用的星相机产品，同样通过基准光路设计将基准光点和恒星成像在同一探测器上，以实现基准监测功能，测量精度为亚角秒量级。

从以上典型实例可知，空间星光测量技术在载荷基准监测与目标监视的原理基本相同，区别仅在于载荷主动光源发出的光线作为参考光，可以通过光学成像链路设计及主动调制。目前国内尚无此类通过参考光的有效监测得到姿态测量仪器与卫星平台、载荷之间的基准传递关系并进行有效标校的应用实例。

1.3.2 空间星光测量技术发展趋势

1. 空间星光测量技术难点

空间星光测量精度的每一次跃升都与对误差机理的深入认识和技术方法的改进息息相关，主要包括基准的精确构建和补偿、高精度单星定位和温度指向漂移补偿等。

1)基准的精确构建和补偿

如何在运动中的自然天体中建立并保持高精度的恒星基准是实现高精度星光测量的前提条件。当前国内外均采用同一套星表和时空误差修正方法,恒星基准误差在 $0.001''\sim0.01''$。AST-301、HAST 等使用的依巴谷星表误差范围为 $0.03''\sim0.1''$,最新第谷-盖亚(TGAS)星表位置精度虽已达到 $0.0003''$,但受限于牛顿-笛卡儿框架自身的缺陷,其修正后的光行差、视差等时空效应依然在 $0.001''\sim0.01''$。

2)高精度单星定位

单星定位精度、几何分辨率和星数决定了最终的指向精度,以单星定位精度最为关键。表1-6 和表1-7 为国内外典型产品技术指标对比。以星敏感器为例,由表1-6 可知,在 2005 年前后,国外产品在短时间内精度提升了约 10 倍,主要贡献源于单星定位精度的提升。由表1-7 可知,国内虽在误差理论和建模方面有更深入认识,精度发展到 $0.1''$,但贡献主要源于几何分辨率的提升,单星定位精度只达到 0.05 像素。以表1-7 中的导星仪器和天文测量来看,贡献最大的是单星定位精度,典型的有 FGS 可达 5/1000 像素、GAIA 可达 1/1000 像素。

表1-6 国外典型产品核心指标对比

技术指标	洛克希德·马丁		保尔		索登		科罗拉多大学	
	AST-201	AST-301	CT-601	HAST	SED26	SED36	ST5000	DayStar
年度	2000	2003	1995	2007	2001	2006	2009	2013
指向精度/('')	1	0.18	5	0.18~0.04	1(LFE)	0.33(LFE)	0.5	0.1~0.05
几何分辨率/('')	61.875	36	50~100	15.6	59.76	87.89	35	9.5
星数/次	16	32	1~5	16	8	12	24	45
单星定位精度/像素	0.05	0.02	0.1~0.3	0.03~0.007	0.07	0.01	0.05	0.025

表1-7 国内外典型产品核心指标对比

关键技术指标	国外指向测量仪器							国内指向测量仪器		
	AST-301	HAST	STR	Daystar	PCRS	FGS	GAIA	中低精度	高精度	超高精度
类型	星敏感器	星敏感器	星敏感器	星敏感器	导星仪	导星仪	天文测量	星敏感器	星敏感器	星相机
指向精度/('')	0.18	0.18~0.04	0.84	0.1~0.05	0.1	0.001~0.002	0.00001	1	0.3	0.1
几何分辨率/('')	36	15.6	108	8.8	10	0.1	70	0.07	15	3.6

续表

关键技术指标	国外指向测量仪器							国内指向测量仪器		
	AST-301	HAST	STR	Daystar	PCRS	FGS	GAIA	中低精度	高精度	超高精度
星数/个	32	16	9	45	1	1	70	16	25	25
单星定位精度/像素	0.02	0.03~0.007	0.0165	0.04	≤0.01	0.02~0.005	0.001	0.11	0.08	0.05

3）温度指向漂移补偿

受多物理场影响，指向测量存在的低频和高频误差难以消除，轨道级系统误差已对其他载荷定向产生严重影响。其中以温度影响最为明显，如由热引起的离焦、畸变漂移等效应。国外产品出现了精度退化，虽然进行了在轨标校，但精度仍然处于亚角秒量级。国内产品将温度波动控制在 0.1℃，在轨误差补偿可将精度提升 1~2 倍，但仍然难以对付颗粒较大的误差。

2. 星敏感器发展态势

空间星光测量技术发展迅猛，星敏感器技术及其应用均取得了丰硕成果，其发展态势总结如下。

（1）APS 器件光电性能已全面赶超 CCD 器件，加上其集成度高、功耗低等优势，已经逐步取代 CCD 器件而在星敏感器中得到广泛应用。但 CCD 在 TDI/EMCCD 等方面仍具备一定优势，可继续在高端产品中发挥作用。

（2）处理器性能以及光学设计、加工技术的迅猛发展，非球面技术的引入，使得星敏感器产品指标不断提升。高精度、高可靠、轻量化、低功耗的星敏感器目前已广泛应用于多种空间任务中。高稳定性低热漂的光机结构设计、高精度误差标定技术的突破使得测量精度达到亚角秒量级。

（3）高帧率成像技术、动态补偿技术、多探头信息融合等关键技术的突破，促使星敏感器动态跟踪能力大幅提升，精度优于 10(°)/s。动态条件下的测量精度不断提升，能够更好地服务于卫星高分辨率对地观测任务。

（4）恒星陀螺、干涉星敏感器、彩色星敏感器等新型星敏感器在不断探索中，能够在一定程度上解决传统星敏感器面临的问题，但同样带来了一些新的挑战。

（5）空间星光测量技术应用已扩展至目标监测、星上基准监测、激光惯性指向测量等领域，空间星光测量敏感器开始服务于光学载荷或者进一步扩展为光学载荷。

3. 空间星光测量发展趋势

结合以上技术进展、应用情况以及存在的关键问题，可以预测到空间星光测量技术未来重点研究方向主要包括以下几个。

1）高精度

随着美国 JMAPS 巡天任务的推进,测量精度需求将进一步提高至毫角秒水平。姿态测量精度或目标的指向测量精度,一旦达到毫角秒量级,将能够大幅提升遥感测绘、天基攻防以及自主导航卫星的性能。要实现由当前的亚角秒级精度至毫角秒级精度的跃升,恒星参考基准、多物理场的影响、地面标定和精度测试技术均需要深入研究。

2）高动态

遥感任务高时间分辨率和立体成像的需求发展,对星敏感器机动过程中测量精度要求越来越高。敏捷卫星为实现立体成像,导致姿态机动角度大且频繁,使卫星姿态稳定度较差,这就要求星敏感器能够实现高动态条件下的高精度测量。如何显著提升动态测量精度,是未来需要突破的关键技术。

3）多功能

空间目标监视、惯性指向测量等应用需求对空间星光测量敏感器提出了更多的要求。目前多为监视相机与传统星敏感器配合达到测量目的,但这种级联方案组成复杂、可靠性低。基于现有的技术积累研究惯性指向测量、目标监测及跟踪、星上基准监测等多功能集成化的空间星光测量仪器也是未来发展方向之一。

4）智能化

人工智能方法可以从大数据中挖掘知识信息,具有自主学习、处理速度快的特点,在越来越多的领域中得到了应用。机器学习、深度学习算法层出不穷,以图形处理器(graphics processing unit, GPU)、并行计算架构(compute unified device architecture, CUDA)、张量处理单元(tensor processing unit, TPU)等为代表的并行计算以及神经网络硬件平台技术快速发展,皆为人工智能方法在空间星光测量敏感器中的应用提供了重要前提和保障。若采用人工智能方法,必将极大提高信息处理能力,为目前星光测量敏感器对空间环境多物理场的自我感知能力较弱、密集星场下的目标证认困难等问题提供新的解决方案,推动敏感器向智能化方向发展。

4. 未来空间星光测量精度发展趋势

由表 1-8 中影响指向测量精度的若干关键指标可知,高精度的基准、单星定位、小颗粒漂移误差的补偿已成为国际性难题。相比较而言,国外在天文测量领域已经取得突破性进展。借鉴先进的天文测量技术,充分利用自身优势,系统性解决超高精度定心、小尺度系统误差识别、标定等问题,指向测量精度可望提升到 0.01″。

表1-8 影响指向测量精度的若干关键指标对比

类别	支撑技术指标	国内水平	国际水平
惯性基准误差/(″)	星表误差	0.001	0.001
	自行误差(年)	0.001	0.001
	视差误差	0.001	0.001
多物理场补偿残差/像素	应力抖动等残差	0.01	—
	辐射补偿残差	0.1	0.02
	热场标定残差	0.025	
	杂光残差	0.01	—
像素标定不确定度/像素	定心算法误差	0.033	0.02
	探测器位置测量误差	0.001	0.00001
视场位置标定不确定度	视场位置误差/像素	0.05	0.029
	二轴角度测量精度/(″)	0.3	0.04

1.3.3 影响测量精度的主要问题

空间星光测量技术发展至今虽已取得了丰硕成果,但是要进一步满足更加精细、复杂及多样化的空间任务需求,尚存在一些关键性问题。

1. 低频误差抑制及标校

国内外对星敏感器误差的分类已经有充分认识,其中变化周期为几秒至一个轨道周期的表述为低频误差[74-75]。近年来星敏感器高频误差改善明显,而与轨道力、热、光等空间多物理场相关的低频误差逐渐成为制约测量精度进一步提升的重要因素[76-78]。

针对低频误差,国内外研究人员提出了较多标校方法。一种是事后处理或离线处理方式,包括姿态控制系统层面的滤波方法[79-82]和基于地标信息的离线校正方法等[83-84],但此类方法没有从源头上解决问题;另一种是从星敏感器自身出发的抑制方法,主要包括通过标定降低视场空间低频误差的方式和通过热稳定性设计降低温度变化带来的低频误差的方式。例如,法国SED36星敏感器,一方面采用多项式校正和多区域再次校正的方法大幅降低了视场空间低频误差;另一方面设计了恒温系统,用钛/碳化硅结构替代铝合金架构,降低了温度交变带来的低频误差。美国AST-301在地面做性能试验时,通过搜集多个星场数据,基于最小二乘拟合法重新计算标定系数。由于采集星场的随机性,恒星的星等、数目、颜色等信息均在地面试验中被平差掉,因而其结果更适用于在轨情况;美国HAST星敏感器则采用圆视场标定方法降低视场标定残差,采用高稳定的结构和光学设计降低光轴热漂移。国内隋杰等[22]开发了热力光联合仿真分析方法,为星敏感器光轴热稳定性评估提供了分析手段和设计指导工具;以光机电集成设计为依托,进行了光机结构高稳定设计。陈建峰等[23]基于 Bipod 结构进行了遮光罩安装结构优化设计,极大改善了结构热稳定性。

综合以上研究现状可知,目前国内外对低频误差补偿的重要性已有充分认识,并有针对性地提出了一些抑制方法,取得了一定成果。但仍存在以下问题。

（1）在姿态测量系统层面,用于低频误差分析的数据源单一,没有引入更多的参考数据进行分析比对,限制了误差分析的精度和可信度,不满足低频误差多变量影响的复杂规律建模与辨识需要。

（2）星敏感器低频误差在线辨识和补偿研究仍停留在一阶内方位元素的水平,高阶畸变和视场依赖误差的辨识研究还存在空白。

（3）相机与星敏感器间的夹角稳定性误差方面考虑较少,光轴在轨监测技术研究较为薄弱。

2. 测量精度与动态性的矛盾

近年来,高分辨率光学卫星影像分辨率逐渐从米级提升到亚米级,借助整星大范围敏捷机动能力,能通过沿轨道方向前后摆动获取同轨立体像对,具备了实现大比例尺立体测绘的必要条件。而星敏感器在小角速度条件下的测量精度已经达到亚角秒级,若高动态条件下仍能保持这一测量精度,则可为大比例尺立体测绘等任务提供超敏捷的动中成像能力。因此,亚角秒级动态测量精度已经成为亟待解决的关键问题。

就星敏感器设计而言,高动态、高精度是相互矛盾、相互制约的因素,难以兼顾。亚角秒级精度的星敏感器一般需采用小视场高分辨率获得较小的像元等效角以提高单星定位精度;高动态性能则需要大视场较大的像元等效角以减小角速度运动时产生的拖尾现象。若缩短曝光时间,则信噪比下降。根据克拉默－拉奥下界(Cramer-Rao lower bound,CRLB),星点位置精度将大幅下降,实现亚角秒的精度难度很大。

当前国内外的亚角秒的精度星敏感器在动态方面采取了一些积极的措施:AST301 星敏感器采用自主延时积分方法进行 x 轴向的图像运动补偿,保证了 2.1(°)/s 下的 x 轴精度;采用图像运动调节方式处理图像拖尾,得到最佳信噪比的合成图像,实现 y 轴 0.42(°)/s 速度下的精确跟踪[21]。HAST 星敏感器在 1(°)/s 的角速度条件下的 0.2″(1σ)测试能力和 4(°)/s 的高动态条件下跟踪性能,使得 WorldView 卫星获得了很强的实时性和重访能力。多探头星敏感器则是通过多视场组合方案,实现动态跟踪能力的大幅提升。就研究现状而言,亚角秒级精度水平的星敏感器均未达到 10(°)/s 的动态能力,尚不能满足超敏捷卫星动中成像需求。

3. 高精度目标指向测量基准瓶颈

目前,空间星光测量技术在目标监测证认方面已进行了关键技术验证并取得了不错的效果,指向测量精度达到亚角秒级精度水平,但是对于目标精确定位、跟踪打击等军事应用还远远不够。要进一步将指向测量精度水平提升至0.1″级,必须解决参考基准精度与测量精度之间的矛盾。

一切天体和人造物体均在运动中,太阳系天体的运动、地球的公转及自转效应、航天器的运动和抖动、恒星的运动等,对指向测量仪器的参考基准恒星可产生严重影响,这其中的光行差、视差、引力偏折等天文效应在牛顿－笛卡儿框架内修正,修正精度在几十个毫角秒量级,且随航天器和仪器指向的变化而变化。这样的修正精度对于目前高精度及甚高精度的星光测量敏感器而言是足够的,但是当要进一步提升至毫角秒量级时,则无法满足使用需求。

参考文献

[1] 袁利,王苗苗,武延鹏,等. 空间星光测量技术研究发展综述[J]. 航空学报,2020,41(8):7-18,2.

[2] VAN Bezooijen,ROELOF W H. SIRTF autonomous star tracker[C]//IR Space telescopes and instruments. International Society for Optics and Photonics,2003,4850:108-121.

[3] 郝云彩. 空间光学敏感器技术进展与应用[J]. 空间控制技术与应用,2017,43(4):9-18.

[4] 李振伟. 空间目标光电观测技术研究[D]. 长春:中国科学院研究生院(长春光学精密机械与物理研究所),2014.

[5] 冒蔚. 基本星表和天球参考系[M]. 北京:科学出版社,1990.

[6] 胡天翔. 天文指向中星图快速匹配技术研究[D]. 北京:中国科学院大学(中国科学院光电技术研究所),2020.

[7] 王丽娜,赵慧,熊智,等. 基于导航恒星几何分布的天文导航定姿系统误差建模及误差特性研究[J]. 兵工学报,2015,36(10):1933-1942.

[8] 赵慧,熊智,王丽娜,等. 基于恒星几何构型分布的天文定位误差建模及误差特性分析[J]. 兵工学报,2015,36(5):813-822.

[9] 韩春好. 相对论天体测量学中的基本概念和定义[J]. 解放军测绘学院学报,1994,4(4):238-244.

[10] 迈克尔·索菲,韩文标. 相对论天体力学和天体测量学[M]. 北京:科学出版社,2015.

[11] 金文敬,黄乘利,唐正宏,等. 从地球重力场测定至引力透镜的检测——引力场对天体精确定位的影响[C]. 《大地测量与地球动力学进展》论文集. 武汉:湖北省科学技术协会,2004.

[12] FENG Xuzhe, DAI Jianzhong, JIA Aiai, et al. Single star Doppler passive positioning accuracy analysis and processing based on sea state sensor[J]. Measurement, 2020, 155.

[13] 熊凯,魏春岭,刘良栋. 基于星间距离测量的高精度自主导航[J]. 空间控制技术与应用,2014(6):16-20.

[14] 卢欣,李春艳,李晓,等. 星光导航技术现状与发展综述[J]. 空间控制技术与应用,2017,43(4):1-8.

[15] 熊亚洲,武延鹏,程会艳. 多探头星敏感器星图融合姿态确定精度[J]. 中国惯性技术学报,2016,24(5):612-618.

[16] 朱一凡. 基于多普勒参数测量的单星无源定位技术研究[D]. 成都:电子科技大学,2017.

[17] 张纪承,罗海燕,胡广骁,等. 空间外差拉曼光谱仪成像镜头光机热集成分析[J]. 应用光学,2018,39(3).

[18] 朱成伟. 星敏感器遮光系统杂光抑制性能分析[D]. 哈尔滨:哈尔滨工业大学,2015.

[19] 薛庆生. 折反式大口径星敏感器光学设计及杂散光分析[J]. 光学学报,2016,36(02):179-185.

[20] 李洋,廖志波,穆生博,等. 星敏感器杂散光抑制方法及仿真分析[J]. 北京航空航天大学学报,2016,42(12):2620-2624.

[21] 刘海波. 热-光效应对星敏感器测量准确度的影响[J]. 光子学报,2009,38(7):1835-1839.

[22] 隋杰,程会艳,余成武,等. 星敏感器光轴热稳定性仿真分析方法[J]. 空间控制技术与应用,2017,43(4):37-41.

[23] 陈建峰,余成武,程会艳,等. 基于Bipod结构的星敏感器遮光罩安装结构优化设计[J]. 空间控制技术与应用,2017,43(4):68-78.

[24] 李林,袁利,王立,等. 从哈勃太空望远镜剖析微振动对高性能航天器指向测量与控制系统的影响[J]. 光学精密工程,2020,28(11):2478-2487.

[25] LI Lin, YUAN Li, WANG Li, et al. Recent advances in precision measurement & pointing control of spacecraft[J]. Chinese Journal of Aeronautics, 2021. doi:10.1016/J.CJA.2020.11.018

[26] LI Lin, WANG Li, YUAN Li, et al. Micro-vibration suppression methods and key technologies for high-precision space optical instruments[J]. Acta Astronautica, 2021, 180:417-428.

[27] DYJAK C P, HARRISON D C. Space-based visible surveillance experiment[C]//Surveillance Technologies. International Society for Optics and Photonics, 1991, 1479:42-56.

[28] SRIDHARAN R, FISHMAN T, ROBINSON E, et al. Mission planning for space based satellite surveillance experiments with the MSX[J]. Space Mission Operations and Ground Data Systems, 1994:295-303.

[29] GAPOSCHKIN E M, VON Braun C, SHARMA J. Space-based space surveillance with the space-based visible[J]. Journal of Guidance, Control, and Dynamics, 2000, 23(1):148-152.

[30] KANTSIPER B, CHENG A, REED C. The double asteroid redirection test mission[C]//2016

IEEE Aerospace Conference. IEEE,2016:1-7.

[31] FURNISS T. Orbital Express ready to repair[J]. Flight International,2004,166,(4944).

[32] MORRIS D,ALDCROFT T L,CAMERON R A,et al. Analysis of the Chandra X-ray observatory aspect camera PSF and its application to post-facto pointing aspect determination[C]// Astronomical Data Analysis. International Society for Optics and Photonics,2001,4477:254-264.

[33] ALDCROFT T L,KAROVSKA M,CRESITELLO-DITTMAR M L,et al. Initial performance of the aspect system on the Chandra Observatory: postfacto aspect reconstruction[C]//X-Ray Optics,Instruments,and Missions III. International Society for Optics and Photonics,2000,4012:650-657.

[34] DORLAND B N,DUDIK R P,DUGAN Z. The Joint Milli-Arcsecond Pathfinder Survey (JMAPS): Mission Overview and Attitude Sensing Applications[J]. arXiv preprint arXiv:0904.4516,2009.

[35] GAUME R,DORLAND B. The joint milli-arcsecond pathfinder survey: introduction and applications[C]//AIAA SPACE 2009 Conference & Exposition. 2009:6458.

[36] FEIN G F. Canada's sapphire provides another node for space debris monitoring[J]. Jane's International Defense Review,2014,47(3).

[37] BOLLNER M. Star identification techniques used for attitude determination and control of the X-ray satellite Rosat[C]//Guidance,Navigation and Control Conference,1989:2531.

[38] GUCKENBIEHL F. Rosat Mission Operations System[C]//30th Aerospace Sciences Meeting and Exhibit. 1992:597.

[39] 马晓萍,马聪丽,张静,等.《国家基本比例尺地图图式第1部分:1:500 1:1 000 1:2 000 地形图图式》修订说明[J]. 测绘标准化,2016(3):4-8.

[40] 邓薇. 高分四号卫星[J]. 卫星应用,2016,49(1):95.

[41] 田瑜基. 高分四号卫星应用研究探析[J]. 科技创新导报,2020(17):22-33,149.

[42] 刘凤晶,李果,于登云,等. 高分四号卫星及应用概况[J]. 卫星应用,2018,84(12):12-18.

[43] VAILLON L,SCHULL U,KNIGGE T,et al. Geo-oculus: High resolution multi-spectral earth imaging mission from geostationary orbit[C]//International Conference on Space Optics—ICSO 2010. International Society for Optics and Photonics,2017,10565:105651V.

[44] 林剑春,孙丽崴,陈凡胜. 静止轨道高分辨率相机Geo-Oculus方案论证研究[J]. 红外,2012,33(5):1-6.

[45] BROSS W. Development of an all-electronic star sensor with image dissector tube NASA-TT-F-12646[R]. Washington,D.C:NASA,1969.

[46] STANTON R H,HILL R E. CCD star sensor for fine pointing control of spaceborne telescopes[J]. Journal of Guidance and Control,1980,3(2):179-185.

[47] STANTON R H,ALEXANDER J W,DENNISON E W. Ccd star tracker experience: key re-

sults from astro 1 flight[C]//Space Guidance,Control,and Tracking. International Society for Optics and Photonics,1993,1949:138 – 148.

[48] LIEBE C C. Star trackers for attitude determination[J]. Aerospace and Electronic Systems,1995,10(6):10 – 16.

[49] YADID – PECHT O,PAIN B,STALLER C,et al. CMOS active pixel sensor star tracker with regional electronic shutter[J]. IEEE Journal of Solid – State Circuits,1997,32(2):285 – 288.

[50] LIEBE C C. Accuracy performance of star trackers – a tutorial[J]. IEEE Transactions on Aerospace and Electronic Systems,2002,38(2):587 – 599.

[51] SCHMIDT U. Autonomous star tracker based on active pixel sensors(APS)[C]//5th International Conference on Space Optics,2004,554:355 – 358.

[52] SCHMIDT U. ASTRO APS – the next generation Hi – Rel star tracker based on active pixel sensor technology[C]//AIAA Guidance,Navigation,and Control Conference and Exhibit,2005:5925.

[53] SCHMIDT U,MICHEL K,AIREY S P. Active pixel sensor technology applied in autonomous star sensors – advantages and challenges(AAS 07 – 063)[J]. Advances in the Astronautical Sciences,2007,128:519.

[54] LIEBE C C,ALKALAI L,DOMINGO G,et al. Micro APS based star tracker[C]//Proceedings,IEEE Aerospace Conference. IEEE,2002,5:5 – 5.

[55] 张广军. 星图识别[M]. 北京:国防工业出版社,2011.

[56] 刘垒,张路,郑辛,等. 星敏感器技术研究现状及发展趋势[J]. 红外与激光工程,2007(S2):529 – 533.

[57] SCHMIDT U,ELSTNER C,MICHEL K. ASTRO 15 star tracker flight experience and further improvements towards the ASTRO APS star tracker[C]//AIAA Guidance,Navigation and Control Conference and Exhibit,2008:6649.

[58] SCHMIDT U,FIKSEL T,KWIATKOWSKI A,et al. Autonomous star sensor ASTRO APS:flight experience on Alphasat[J]. CEAS Space Journal,2015,7(2):237 – 246.

[59] MINEC – DUBE J,JACOB P,GUILLON D,et al. Protons robustness improvement for the SED 26 star tracker[C]//Guidance,Navigation and Control Systems,2006,606.

[60] BLARRE L,OUAKNINE J,ODDOS – MARCEL L,et al. High accuracy Sodern star trackers:recent improvements proposed on SED36 and HYDRA star trackers[C]//AIAA Guidance,Navigation,and Control Conference and Exhibit,2006:6046.

[61] OUAKNINE J,BLARREE L,ODDOS – MARCEL L,et al. Reduction of low frequency error for SED36 and APS based HYDRA star trackers[C]//International Conference on Space Optics—ICSO 2006. International Society for Optics and Photonics,2017,10567:105672R.

[62] MICHAELS D,SPEED J. Ball aerospace star tracker achieves high tracking accuracy for a moving star field[C]//2005 IEEE Aerospace Conference. IEEE,2005:1 – 7.

[63] PIOT D,ODDOS – MARCEL L,GELIN B,et al. HYDRA star tracker on – board SPOT – 6

[C]// Proceedings of the 2013 AAS Guidance and Control Conference, Breckenridge, CO, Feb. 2013,20013.

[64] HUFFMAN K, SEDWICK R, STAFFORD J, et al. Designing star trackers to meet micro – satellite requirements[C]//SpaceOps 2006 Conference,2006:5654.

[65] ENRIGHT J, SINCLAIR D, FERNANDO C. COTS detectors for nanosatellite star trackers: a case study[C]//25th Annual AIAA/USU Conference on Small Satellites,2011.

[66] CASSIDY L W. HDOS HD – 1003 star tracker[C]//Space Guidance, Control, and Tracking II. International Society for Optics and Photonics,1995,2466:93 – 99.

[67] SEGERT T, ENGELEN S, BUHL M, et al. Development of the pico star tracker ST – 200—design challenges and road ahead[C]//25th Annual AIAA/USU, Conference on Small Satellites,2011.

[68] DZAMBA T, ENRIGHT J, SINCLAIR D, et al. Success by 1000 improvements: flight qualification of the ST – 16 star tracker[C]//28th Annual AIAA/USU, Conference on Small Satellites,2014.

[69] MURUGANANDAN V A, PARK J H, LEE S, et al. Development of the arcsecond pico star tracker(APST)[J]. Transactions of the Japan Society for Aeronautical and Space Sciences,2017,60(6):355 – 365.

[70] 天银星际. 天银星际和清华大学联合研发的PST3星敏感器随珠江一号遥感微纳卫星星座03组卫星成功发射入轨[EB/OL]. 北京:天银星际,2019. (2019 – 09 – 19)[2019 – 11 – 27]. http://mp.weixin.qq.com/s/Msu3ozhty_RH6xcNfbtz2A.

[71] KATAKE A, BRUCCOLERI C. StarCam SG100:a high – update rate, high – sensitivity stellar gyroscope for spacecraft[C]//Sensors, Cameras, and Systems for Industrial/Scientific Applications XI. International Society for Optics and Photonics,2010,7536:753608.

[72] HUTCHIN R A. Interferometric tracking device:US8045178B2[P]. 2011 – 10 – 25.

[73] GEOFFREY M. Development and performance characterization of color star trackers[D]. Canada:Ryerson University,2013.

[74] ECSS Secretariat. ECSS – E – ST – 60 – 20C Star sensor terminology and performance specification[S]. Noordwijk:ESA,2008.

[75] 卢欣,武延鹏,钟红军,等. 星敏感器低频误差分析[J]. 空间控制技术与应用,2014,40(2):1 – 7.

[76] IWATA T, HOSHINO H, YOSHIZAWA T, et al. Precision attitude determination for the advanced land observing satellite(ALOS):design, verification, and on – orbit calibration[C]// AIAA Guidance, Navigation and Control Conference and Exhibit,2007:6817.

[77] WINKLER S, WIEDERMANN G, GOCKEL W. High – accuracy on – board attitude estimation for the GMES Sentinel – 2 satellite:concept, design, and first results[C]//AIAA Guidance, Navigation and Control Conference and Exhibit. 2008:7482.

[78] 李贞,金涛,李婷,等. 敏捷光学卫星无控几何精度提升途径探讨[J]. 航天器工程,

2016,25(6):25-31.

[79] 熊凯,宗红,汤亮. 星敏感器低频误差在轨校准方法研究[J]. 空间控制技术与应用,2014,40(3):8-13.

[80] 赵琳,谢睿达,刘源,等. 星敏感器低频误差与陀螺漂移离线校正方法[J]. 航空学报,2017,38(5):155-158.

[81] 雷琦,龚志辉,林雕,等. AEKF 在星敏感器低频误差补偿中的应用[J]. 测绘科学技术学报,2016,33(3):252-257.

[82] 庞博,黎康,汤亮,等. 星敏感器误差分析与补偿方法[J]. 空间控制技术与应用,2017,43(1):17-24.

[83] 庞博,李果,黎康,等. 一种基于地标的星敏感器低频误差在轨校正方法[J]. 航天器工程,2018,27(3):79-85.

[84] 熊凯,汤亮,刘一武. 基于地标信息的星敏感器低频误差标定方法[J]. 空间控制技术与应用,2012,38(3):11-15.

第 ❷ 章
空间高精度测量误差机理

空间指向是从观测者指向空间目标的方向,表示为在选定的参考坐标系下的单位矢量。这里限定观测者是位于太阳系内的飞行器,如近地轨道卫星、同步轨道卫星、火星探测卫星、柯伊伯带天体、外海王星天体、飞掠卫星等。空间目标可以是全天球分布的自然天体,也可以是人造目标,如卫星、火箭等。这里假定空间目标为点目标,或者是扩展目标上的某一个物点。参考坐标系选择根据需求来确定,为行文方便,本章主要采用国际天球参考坐标系(ICRS)来论述。而根据坐标系原点的不同,ICRS 又可分为太阳系质心天球参考系(BCRS)和地心天球参考系(GCRS)。

空间指向测量仪器通过被动或者主动观测手段,获取目标指向信息,通过数据处理,给出空间指向的测量值。测量方式有光学观测、射电观测、激光主动观测等。随着成像技术的发展,目前多用光学波段的成像方式进行测量,这类仪器称为空间指向成像测量仪。

空间指向成像测量仪以恒星目标为参考,建立仪器相对于 ICRS 的姿态 A_{bi},通过测量空间目标,获得其在仪器坐标系下的方向矢量 W,则空间目标在 ICRS 下的方向矢量就表示为

$$V = A_{bi}^T \cdot W \qquad (2-1)$$

因此仪器测量过程的关键在于获取高精度的恒星和目标方向矢量。以往文献多将成像过程简化为小孔成像模型,或附加一些像差、畸变模型等,处理较为粗略。空间成像过程有其传输路径的特殊性,需要对空间指向成像测量的物理过程进行较为严格的描述。

随着对姿态精度要求的逐渐提高,成像测量仪器的误差识别、成因分析、测试和控制已引起研究人员的高度重视。本章主要介绍了空间指向测量仪器的成像过程、误差体系、精度的误差影响机理分析、误差链路模型等,从而提炼出对于高精度指向测量仪器需着重关注的问题。

2.1 目标成像误差体系分析

2.1.1 目标成像物理过程

按照从目标到仪器的传输过程,空间指向成像探测分为目标特性(几何和光学特性)、传输特性(宇宙时空传输)、成像探测3个部分。

1. 目标特性

空间点目标距离遥远,发射或者反射的光线可以按照平行光处理。出射光线有一定的光谱宽度,在后续过程中需要考虑其影响。由于恒星活动,其亮度也存在随时间的变化,空间目标的出射光线也存在随观测几何关系、光源亮度的变化,这些因素的变化较为缓慢,在一次成像期间(秒级)可忽略。

恒星的空间指向参数包括赤经、赤纬、赤经自行、赤纬自行、视差等。这些参数代表了测量的基准源,其准确度会直接影响仪器的测量结果。恒星的光度参数包括在标准测光系统下的星等、色指数以及光谱信息,这些参数的影响低于空间方向参数,会以比较复杂的方式作用在仪器上,最终体现在测量结果中。

高精度的参考恒星空间和光度参数是空间指向测量仪器工作的基础和前提。在以往的空间任务中,常采用欧洲依巴谷卫星任务产出的全天天文星表作为数据源,编制参考星表。依巴谷星表包含 12 万颗恒星的位置、自行和视差,历元时刻(J1991.25)9 等星位置精度优于 0.001″,自行精度优于 0.001(″)/a。随着时间的推移,到 2020 年左右,位置精度将退化到 0.03″左右。目前欧洲正在执行的 GAIA 天体测量任务,预期 16 等星恒星精度达到 1×10^{-6}(″)量级,将会大大降低参考误差带来的影响。GAIA 任务的测光通道输出 G 星等、Bp 星等、Rp 星等[1],后续的 DR3 会给出全天恒星的低色散光谱,可以有效降低空间指向测量仪的仪器星等计算误差。

2. 传输特性

一个天文事件可以分为被观测目标的运动、观测者运动、从被观测目标到观测者的电磁信号轨迹以及观测过程。图 2-1 分别给出了在牛顿力学和相对论物理视角下的天文事件。

从经典牛顿力学角度看,网格背景代表了一个全局惯性参考坐标系统;而从相对论角度看,弯曲的坐标网格代表了选定的相对论参考坐标系统。严格的广义相对论给出的时空几何关系和能量物质的关系很难求解,可以针对绝大多数太阳系应用进行简化。将太阳系考虑为一个弱引力场,可以有后闵可夫斯基(post – Minkowskian,PM)和后牛顿(post – Newtonian,PN)[2]两种近似方式。如

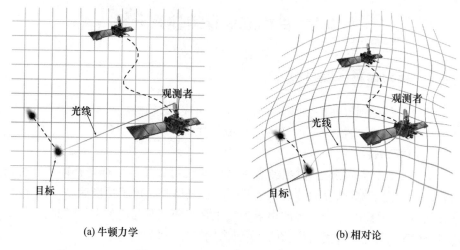

(a) 牛顿力学　　　　　　　　　(b) 相对论

图 2-1　两种观测视角下的天文事件

果进一步假设太阳系天体移动速度远小于光速,且引力场仅作用于自身,可以得到 PN 和 PPN(Parametrized post-Newtonian,参数化 PN)近似[3]。

IAU2000 给出了相对论建模框架,可以在 PN 近似下对任何天文观测进行建模。

这里选择 IAU2000 框架下定义的 GCRS,基于 PN 近似分析目标光线在宇宙时空中的传输过程,给出其影响模型。时空传输的效应有光行差、引力偏折、多普勒频移、光行时等。对于空间指向测量而言,影响主要表现在光行差、引力偏折两方面。

3. 成像探测

目标光线经过宇宙时空传输后,从本征方向变为视方向,到达成像观测仪器的入瞳。从入瞳到成像探测器之间的光学传输和光电探测过程即为成像探测环节。首先是光学成像,入射的视方向的平行光经过光学系统作用,汇聚于像面,形成星点斑。

对于理想无像差光学系统,这一成像过程可用图 2-2 所示的球心投影关系表示,对于天球上仪器视场内的恒星目标,星点透视投影在与仪器光轴指向垂直的切平面上,交点位置为理想成像位置。

对于实际有像差的光学系统,首先像差会使成像位置偏离理想位置,这一偏离和视场位置相关,综合表现为视场畸变;其次它会改变衍射 PSF 的形状,使其增大,变得不对称,并呈现复杂的随视场位置的形态变化。视场畸变如果不校正或者校正精度不足,会表现为在光学系统视场范围内的系统性误差。而 PSF 变

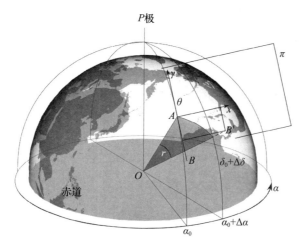

图 2-2 天球坐标系下的投影过程示意

化会影响像斑的定心过程,产生像素级以内的高频误差。

星斑的探测过程一般用光子光电转换过程描述。即对于某个成像探测器而言,其在积分时间 T 内接收到星斑的部分光子,基于光电效应产生光电子,通过电子收集和漂移过程集中在像素内部,然后通过放大和 A/D 转换,输出为像素灰度。像素灰度组成的图像即为成像探测的原始测量量。

在这一过程中,对于理想探测器,其响应可以表示为矩形窗,像素内响应完全一致,像素外无响应,这时探测器实际作用在图像上的影响是像素的采样效应。而实际探测器由于光电子收集过程的随机性以及像素设计、工艺的不一致性影响,表现为复杂的像素响应函数,像素内响应不均匀,像素外也有响应。不同像素间也存在不一致性。光电探测器的其他非理想特性也将影响图像,反映在图像的统计特征中,如探测器增益、暗电流、暗信号非均匀性(DSNU)、读出噪声等。

仪器的光学和探测器非理想特性统一形成仪器特征,它会在测量中表现为一台仪器特有的误差特性和作用规律。因此,需要在数据处理中尽量消除仪器特征,才能还原出待测量的完整和准确的信息。对于原始测量物理量的图像,需要进行图像处理和数据归算,才能提取出被测量信息。其中的关键就是星像中心的确定。如果星像是对称的,星像中心一般选择对称中心点。但实际上,由于像差的影响,离轴星像一般都不是对称的。此时也就不存在中心的概念,这一所谓星像"中心"需要人为定义和约定,此定义主要与面向的应用有关。在含有噪声和像差影响的星像中计算出定义的星像中心位置,这是天体测量的基础问题,相关的研究包括各种定心算法与改进、算法比较及定心极限等。

2.1.2 成像测量误差体系

国际上对成像测量仪器的误差分类方法[4]有多种,具有代表性的有以下几种。20世纪90年代初日本[5]按照误差来源对星敏感器误差种类进行了划分,如图2-3所示;ESA星敏感器研制标准中关于误差的分类如表2-1所列;德国JENA公司定义的星敏感器误差树[5]主要包括时域误差(TE)、高空间频率误差(HSFE)、低空间频率误差(low spatial frequency error,LSFE)、偏置稳定性误差(bias stability error,BSE)和偏置误差(bias error,BE),如图2-4所示。

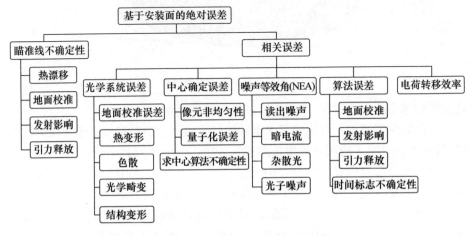

图2-3 星敏感器误差树(日本)[5]

表2-1 星敏感器误差项(ESA)

误差项	误差来源
常值偏差	·地面标定残差 ·发射引起的对准偏差(振动、泄压、重力等) ·入轨老化引起的光轴参考坐标系和机械参考坐标系对准偏差
热弹性误差	·光轴参考坐标系和机械参考坐标系的稳定性 ·探头温度稳定性 ·热传导和辐射引起的温度梯度
视场空间误差	·视场内点扩散函数变化 ·焦距、像差(含色差)等的标定残差(含温度敏感性) ·光行差修正误差(在四元数水平修正,非在恒星水平修正) ·CCD电荷转移效率及退化影响 ·星表误差(恒星运动和视差角度)

续表

误差项	误差来源
像素空间固定误差	·探测器非均匀性(DSNU、PRNU等) ·定心误差
时域噪声	·星光信号散粒噪声(星等、曝光时间、光学污染、传输损失、离焦等) ·背景信号散粒噪声(杂光水平、探测器温度等) ·读出噪声 ·量化噪声 ·数据处理噪声
光行差	光行差是否准确修正误差

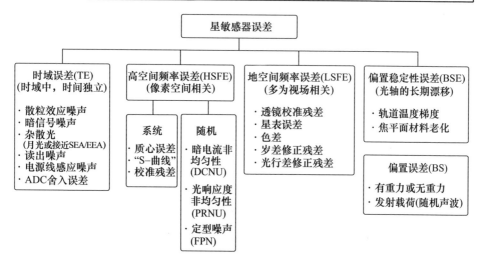

图 2-4 星敏感器误差树(德国)[5]

随着国产星敏感器在轨应用不断增多,星敏感器测量误差模型研究进一步深入,总结得到国产星敏感器测量误差影响因素如图2-5所示。

由对比可见,国内外对于星敏感器误差模型的认识是一致的,不存在程度和范围的差异。

将光轴测量精度展开为功率谱,它包含低频误差、高频误差、时域误差,即

$$\begin{cases} X_{\text{error}} = \sqrt{X_{\text{TE}}^2 + X_{\text{LSFE}}^2 + X_{\text{HSFE}}^2} \\ Y_{\text{error}} = \sqrt{Y_{\text{TE}}^2 + Y_{\text{LSFE}}^2 + Y_{\text{HSFE}}^2} \end{cases} \quad (2-2)$$

以下的误差定义均适用于 x 轴和 y 轴。

1. 低频误差(LSFE)

设星点在像面上移动10像素所需时间为 T_{LSFE},则光轴低频误差为

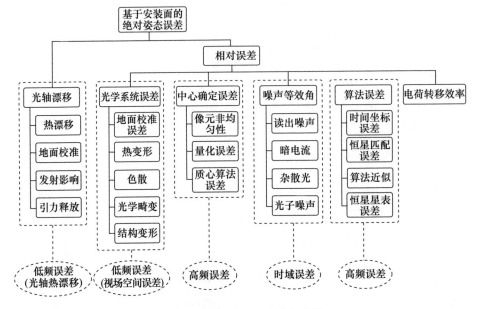

图 2-5 国产星敏感器测量误差模型

$$\int_0^{1/T_{LSFE}} PSD(\omega) d\omega \qquad (2-3)$$

2. 高频误差（HSFE）

设星点在像面上移动 1 像素所需时间为 T_{HSFE}，则光轴高频误差为

$$\int_{1/T_{LSFE}}^{1/T_{HSFE}} PSD(\omega) d\omega \qquad (2-4)$$

3. 时域误差（TE）

设 T_s 为数据采集时间，即更新率的倒数，则光轴时域误差为

$$\int_{1/T_{HSFE}}^{1/T_s} PSD(\omega) d\omega \qquad (2-5)$$

单星定位误差的低频、高频、时域定义与上述定义相同，只是分析对象是单星，因此不再赘述。

2.2 精度影响机理分析

2.2.1 天文效应作用机理

本小节主要介绍广义相对论框架下时空、广义相对论框架下恒星观测过程。

在相对论框架下,由于时空不同,星光不再沿着空间中的直线传播,而是沿着弯曲时空传播。弯曲时空下的天文观测主要因素包括观测目标的运动、观测者的运动、电磁信号从目标到观测者的传播及观测过程4个方面。

对于空间指向测量而言,天文效应的影响主要表现在引力偏折、光行差、视差、自行等几方面。

基于位置观测的相对论,一般模型与观测方向、光源传输方向、光源运动所在坐标系有关。一组坐标系方向可用于在 BCRS 框架下描述光源的空间位置及其运动特性。为便于下文描述,此处定义5个向量[6](图2-6):s 是单位观测方向;n 是光线的单位切向量;σ 是在 $t\to\infty$ 时光线的单位切向量;k 是从光源到观测者的单位坐标向量;l 是从太阳系质心指向光源的单位向量。需要说明的是,后4个向量是在 BCRS 的坐标空间中定义的,应用于其他形式的参考坐标系时,其表达形式不同。

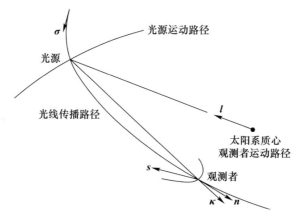

图2-6 向量定义示意图

1. 引力偏折

引力偏折[7]即将 n 转换为从光源到观测者的单位坐标方向 k。这里应区分两种不同的情况:①太阳系外的物体,其距 BCRS 原点的有限距离对于该转换几乎没有作用;②太阳系物体,必须考虑其有限距离。首先将 n 与 $t\to-\infty$ 无限远离引力源的光传播的单位坐标方向 σ 关联,然后分别考虑这两种物体之间的有限距离对引力光偏折的影响。

假设太阳系是孤立的,意味着忽略了太阳系外部物质产生的引力场。如果在太阳系之外产生的引力场的时间依赖性可以忽略,则该假设是成立的;否则,必须明确考虑外部引力场(例如,对于边缘双星的观测,其中伴星的引力场会引起额外的随时间变化的光偏转)。

光传播方程可以从广义相对论的麦克斯韦方程中得出。但是,仅考虑几何光学的限制就足够了,相对论效应和波长有关(代表与几何光学的偏差),在太阳系中要小于 $1 \times 10^{-6}(")$,在几何光学的极限下,光传播的相对论方程可以写为

$$\boldsymbol{x}_p(t) = \boldsymbol{x}_p(t_0) + c\boldsymbol{\sigma}(t-t_0) + \Delta \boldsymbol{x}_p(t) \tag{2-6}$$

式中:t_0 为观测时刻;$\boldsymbol{x}_p(t_0)$ 为观测时刻的光子位置(此位置显然与该时刻卫星的位置重合 $\boldsymbol{x}_p(t_0) = \boldsymbol{x}_o(t_0)$);$\boldsymbol{\sigma}$ 为光传播的单位坐标方向。

在 BCRS 框架下,可容易看出 $\Delta \boldsymbol{x}_p(t) \sim O(c^{-2})$ 和 $\Delta \dot{\boldsymbol{x}}_p(t)/c \sim O(c^{-2})$。

对于太阳系的观测应用,$\Delta \boldsymbol{x}_p$ 的最大贡献来自于大质量物体重力场的球对称分量,可以计算为

$$\begin{cases} \Delta_{pN} \boldsymbol{x}_p(t) = -\sum_A \dfrac{(1+\gamma)GM_A}{c^2}(d_A \boldsymbol{I}_A + \boldsymbol{\sigma} J_A) \\ d_A = \boldsymbol{\sigma} \cdot (\boldsymbol{r}_{0A} \cdot \boldsymbol{\sigma}) \\ \boldsymbol{I}_A = \dfrac{1}{|\boldsymbol{r}_A| - \boldsymbol{\sigma} \cdot \boldsymbol{r}_A} - \dfrac{1}{|\boldsymbol{r}_{0A}| - \boldsymbol{\sigma} \cdot \boldsymbol{r}_{0A}} \\ J_A = \lg \dfrac{|\boldsymbol{r}_A| + \boldsymbol{\sigma} \cdot \boldsymbol{r}_A}{|\boldsymbol{r}_{0A}| + \boldsymbol{\sigma} \cdot \boldsymbol{r}_{0A}} \\ \boldsymbol{r}_A = \boldsymbol{x}_p(t) - \boldsymbol{x}_A \\ \boldsymbol{r}_{0A} = \boldsymbol{x}_p(t_0) - \boldsymbol{x}_A = \boldsymbol{x}_0(t_0) - \boldsymbol{x}_A \end{cases} \tag{2-7}$$

$$\begin{cases} \dfrac{1}{c}\Delta_{pN}\dot{\boldsymbol{x}}_p(t) = -\sum_A \dfrac{(1+\gamma)GM_A}{c^2}\left(d_A \dfrac{1}{c}\dot{\boldsymbol{I}}_A + \boldsymbol{\sigma}\dfrac{1}{c}\dot{j}_A\right) \\ \dfrac{1}{c}\dot{\boldsymbol{I}}_A = \dfrac{1}{|\boldsymbol{r}_A|(|\boldsymbol{r}_A| - \boldsymbol{\sigma}\cdot\boldsymbol{r}_A)} \\ \dfrac{1}{c}\dot{j}_A = \dfrac{1}{|\boldsymbol{r}_A|} \end{cases} \tag{2-8}$$

式中:$\boldsymbol{x}_A$ 为位置;M_A 为物体 A 的质量。考虑 $\boldsymbol{x}_A$ 的泰勒展开式,即

$$\boldsymbol{x}_A(t) = \boldsymbol{x}_A^{eph}(t_{A0}) + \dot{\boldsymbol{x}}_A^{eph}(t_{A0})(t-t_{A0}) + O(\ddot{\boldsymbol{x}}_A^{eph}) \tag{2-9}$$

式(2-9)作为引力体的坐标来对光线的运动方程积分。该解最早由 Klioner 推导得出,并描述了牛顿近似中的光传播过程。通过分析光传播方程中与物体的加速度成比例的残差项可知,将 t_{A0} 设置为引力体和光子最接近时刻 x_{A0}^{ca} 相等,可保证残差效应在所选近似方案内忽略不计。

如果完全忽略了由于天体速度引起的影响,可以有效地使用一个恒定值作为观测者的坐标。

$$x_A(t) = x_A(t_{A0}) \quad (2-10)$$

数值模拟显示,在太阳系的重力场中,$t_{A0} = t_{A0}^{ca}$ 和使用 $t_{A0} = t'_{A0}$ 计算的光偏转角之差不超过 $1 \times 10^{-8}('')$。但需注意的是,如果使用接收时间 t_0 代替 t_{A0}^{ca} 或 t'_{A0} 可能会导致计算出的引力偏折产生较大误差,如在木星情况下可能约为 $0.01''$。

需要注意的是,还应考虑一些较小的天体。对于平均密度为 ρ 的球体,如果半径 L 满足下式时,则光偏转大于 δ,即

$$L \geqslant \left(\frac{\rho}{1}\right)^{-1/2} \left(\frac{\delta}{1}\right)^{1/2} 624 \quad (2-11)$$

只有当观测到的光源非常靠近相应物体时,这些小天体所引起的重力光偏转才可能大于 $1 \times 10^{-6}('')$。表 2-2 给出了太阳系中不同的引力体对光传播的引力效应,表 2-3 给出了引力效应不同量级时对应引力体与光线的角距,其中 $\psi_{\max}(\delta)$ 表示当引力体对光传播的引力效应达到 δ 时,对应引力体和光线之间的最大角距。

表 2-2　以微角秒为单位的光传播中的各种引力效应

天体	$\delta_{pN}/10^{-6}('')$	$\delta_Q/10^{-6}('')$	$\delta_R/10^{-6}('')$	$\delta_T/10^{-6}('')$	$\delta_{ppN}/10^{-6}('')$
太阳	1.75×10^6	≈1	0.7	0.1	0.1
水星	83	—	—	—	—
金星	493	—	—	—	—
地球	574	0.6	—	—	—
月球	26	—	—	—	—
火星	116	0.2	—	—	—
木星	16270	240	0.2	0.8	—
土星	5780	95	—	0.2	—
天王星	2080	8	—	—	—
海王星	2533	10	—	—	—

表 2-3　引力效应不同量级时对应引力体与光线的角距

天体	δ_{pN}		δ_Q	δ_{ppN}
	$\psi_{\max}(1 \times 10^{-6}(''))$	$\psi_{\max}(1 \times 10^{-5}(''))$	$\psi_{\max}(1 \times 10^{-6}(''))$	$\psi_{\max}(1 \times 10^{-6}(''))$
太阳	180°	180°	—	53'
水星	9'	54'	—	—

续表

天体	δ_{pN}		δ_Q	δ_{ppN}
	$\psi_{max}(1\times10^{-6}(''))$	$\psi_{max}(1\times10^{-5}(''))$	$\psi_{max}(1\times10^{-6}(''))$	$\psi_{max}(1\times10^{-6}(''))$
金星	4.5°	27′	—	
地球	178°/123°	154°/21°	—	
月球	9°/5°	49′/26′	—	
火星	25′	2.5′	—	
木星	90°	11.3°	152″	
土星	17°	1.7°	46″	
天王星	71′	7.1′	4″	
海王星	51′	5′	3″	

2. 光行差

光行差[7]是由于光传播时间及观测者的线性运动,使被测目标在测量坐标系中的位置产生偏移的测量误差。

以 s 表示观测者卫星至目标的单位方向,p 表示目标处光子在 BCRS 下的速度,它的方向是从目标到卫星,在 BCRS 下的观测时刻光子传递的单位方向即为 $n = p/|p|$。则 s 可表示为

$$s = -n + \frac{1}{c}n \cdot (\dot{x}_0 \cdot n) + \frac{1}{c^2}\left\{(n \cdot \dot{x}_0)n \cdot (\dot{x}_0 \cdot n) + \frac{1}{2}\dot{x}_0 \cdot (n \cdot \dot{x}_0)\right\} +$$

$$\frac{1}{c^3}\left\{((n \cdot \dot{x}_0)^2 + (1+\gamma)w(x_0))n \cdot (\dot{x}_0 \cdot n) + \frac{1}{2}(n \cdot \dot{x}_0)\dot{x}_0 \cdot (n \cdot \dot{x}_0)\right\} + O(c^{-4})$$

$$(2-12)$$

式中:$w(x_0)$ 为观测点处太阳系的引力势能。该公式包含了直至 $1/c^3$ 阶项的相对论光行差效果。如果 1 阶光行差项(经典光行差)要达到 $1\times10^{-6}('')$ 的精度,则卫星的 BCRS 下的速度需达到约 10^{-3} m/s 精度量级。对于 BCRS 下速度约为 40km/s 的卫星,其 1 阶光行差约为 0.028″,2 阶光行差约为 0.0036″,3 阶光行差可达到约 $1\times10^{-6}('')$。还需注意的是,高阶光行差效应相对于卫星速度是非线性的。

为了阐明上述公式中与引力势成比例的项的来源,考虑一个虚拟的探测器其位置与观测时卫星的位置重合,并且相对于 BCRS 的速度为零。该虚拟观测者观测到的朝向光源的方向为

$$s' = -n + O(c^{-4}) \qquad (2-13)$$

对位于同一时空点的两个观测者观测到的光源方向间的变换关系,可以用

一般洛伦兹变换得到。洛伦兹变换仅取决于一个观测者看到另一个观测者的速度，利用洛伦兹变换的封闭形式，可以得到

$$s = \left(s' + \left\{\frac{\Gamma}{c} + |\Gamma - 1|\frac{\boldsymbol{v} \cdot \boldsymbol{s}'}{|\boldsymbol{v}|^2}\right\}\boldsymbol{v}\right)\frac{1}{\Gamma\left(1 + \frac{\boldsymbol{v} \cdot \boldsymbol{s}'}{c}\right)}$$

$$\Gamma = \frac{1}{\sqrt{1 - \frac{|\boldsymbol{v}|^2}{c^2}}}$$

(2-14)

从式(2-14)可得到

$$\boldsymbol{v} = \dot{\boldsymbol{x}}_0\left(1 + \frac{1}{c^2}(1+\gamma)w(\boldsymbol{x}_0)\right) + O(c^{-4}) \quad (2-15)$$

另外，将两个给定源之间的观测角距离与它们之间的坐标角距离关联起来，有

$$\cos\varphi_{12}^{\text{obs}} = \cos\varphi_{12}^{\text{coord}} + (\cos\varphi_{12}^{\text{coord}} - 1)\left[-\left(1 + \frac{1}{c^2}(1+\gamma)w(\boldsymbol{x}_0)\right)\frac{|\dot{\boldsymbol{x}}_0|}{c}(\cos\theta_1 + \cos\theta_2) + \frac{|\dot{\boldsymbol{x}}_0|^2}{c^2}(\cos^2\theta_1 + \cos^2\theta_2 + \cos\theta_1\cos\theta_2 - 1) - \frac{|\dot{\boldsymbol{x}}_0|^3}{c^3}(\cos\theta_1 + \cos\theta_2)(\cos^2\theta_1 + \cos^2\theta_2 - 1)\right] + O(c^{-4}) \quad (2-16)$$

3阶项的数量级为$1\times10^{-6}(")$。可以得出等效的封闭表达方式，即

$$1 - \cos\varphi_{12}^{\text{obs}} = (1 - \cos\varphi_{12}^{\text{coord}})\frac{1 - \frac{|\boldsymbol{v}|^2}{c^2}}{\left(1 + \frac{|\boldsymbol{v}|}{c}\cos\theta_1\right)\left(1 + \frac{|\boldsymbol{v}|}{c}\cos\theta_2\right)} \quad (2-17)$$

对于量级估计，光源发射朝向卫星运动向点apex的角度偏移$\delta\theta$的公式为

$$\delta\theta = \frac{1}{c}|\dot{\boldsymbol{x}}_0|\sin\theta\left(1 + \frac{1}{c^2}(1+\gamma)w(\boldsymbol{x}_0) + \frac{1}{4}\frac{|\dot{\boldsymbol{x}}_0|^2}{c^2}\right) - \frac{1}{4}\frac{|\dot{\boldsymbol{x}}_0|^2}{c^2}\sin(2\theta) + \frac{1}{12}\frac{|\dot{\boldsymbol{x}}_0|^3}{c^3}\sin(3\theta) + O(c^{-4}) \quad (2-18)$$

或者

$$\cos(\theta - \delta\theta) = \frac{\cos\theta + \frac{|\boldsymbol{v}|}{c}}{1 + \frac{|\boldsymbol{v}|}{c}\cos\theta} \quad (2-19)$$

式中:θ 为朝向光源的方向与卫星速度方向之间的夹角,有

$$\cos\theta = -\boldsymbol{n} \cdot \boldsymbol{v}/|\boldsymbol{v}| = -\boldsymbol{n} \cdot \dot{\boldsymbol{x}}_0/|\dot{\boldsymbol{x}}_0| \qquad (2-20)$$

3. 视差

对于位于太阳系之外的物体,还需要消除测量模型[8]视差的影响,即将 $\boldsymbol{k}$ 转换为从太阳系引心中心指向光源的单位矢量 $\boldsymbol{l}$。具体为

$$\boldsymbol{l}(t) = \frac{\boldsymbol{x}_s(t_e)}{|\boldsymbol{x}_s(t_e)|} \qquad (2-21)$$

从该处可以看出,向量 $\boldsymbol{k}$ 和 $\boldsymbol{l}$ 的进一步参数化在形式上与牛顿框架中所期望的一致。从数学形式上的观点来看,这些向量可以被认为是由 BCRS 中的空间坐标形成的三维坐标空间中的欧几里得向量。从下面可以清楚地看出,视差和自行运动不再是两个可以相互独立考虑的量。2 阶的视差和自行运动以及这两个因素之间的相互作用所产生的影响非常重要。此外,视差、自行运动和其他天文参数是在 BCRS 中定义的坐标相关参数,该参数用作描述光源位置和运动的相对论参考系。因此,这些参数仅在特定的相对论简化模型中具有某些意义。这就是为什么必须考虑位置观测的相对论模型来定义这些参数并阐明其含义的原因。观测目标的视差定义为

$$\boldsymbol{\pi}(t_0) = \frac{1\mathrm{AU}}{|\boldsymbol{x}_s(t_e)|} \qquad (2-22)$$

视差由下式给出,即

$$\boldsymbol{\Pi}(t_0) = \boldsymbol{\pi}(t_0) \frac{\boldsymbol{x}_0(t_0)}{1\mathrm{AU}} \qquad (2-23)$$

最后,观测到的光源的视差位移定义为

$$\boldsymbol{\pi}(t_0) = \boldsymbol{l}(t_0) \times (\boldsymbol{\Pi}(t_0) \times \boldsymbol{l}(t_0)) \qquad (2-24)$$

通过这些足够准确的定义,可以得出

$$\boldsymbol{k} = -\boldsymbol{l}\left(1 - \frac{1}{2}|\boldsymbol{\pi}|^2\right) + \boldsymbol{\pi}(1 + \boldsymbol{l} \cdot \boldsymbol{\Pi}) + O(\boldsymbol{\pi}^3) \qquad (2-25)$$

当 $|\boldsymbol{x}_s| \geq 1\mathrm{pc}(1\mathrm{pc} = 3.0857 \times 10^{13}\mathrm{km})$,式(2-25)中与 $|\boldsymbol{\pi}|^2$ 成正比的 2 阶项作用小于 $3 \times 10^{-6}('')$,当 $|\boldsymbol{x}_s| \geq 2$ pc,要达到 $1 \times 10^{-6}('')$ 的精度,可以忽略 2 阶项。

2.2.2 目标成像误差特性机理

1. 误差成因分析

根据误差变化周期的不同,星敏感器的误差[4,9]可分为高频误差、低频误差

和长期误差。星敏感器总的测量误差是由这三部分误差叠加而成的。

1）星敏感器高频误差

高频误差的变化周期等于星敏感器数据更新周期。这一误差属于星敏感器的随机误差，也称为噪声等效角（noise equivalent angle，NEA）。由空间高频误差（HSFE）和时域误差（TE）两项组成。

当恒星光通过星敏感器光学系统聚焦在成像光敏面上时，星像斑覆盖若干个像元。受成像器件噪声、视频电路干扰以及亚像元定心算法固有的一些缺陷等因素影响，在一段时间内对同一位置下的星像斑所求出的中心坐标是不尽相同的，总会围绕着某一数值在一定范围内波动，从而导致星敏感器输出姿态也会有所波动。这就是星敏感器随机误差的主要来源。

2）星敏感器低频误差

低频误差变化周期一般介于几秒至一个轨道周期之间。这一误差主要与两个因素相关。

（1）视场空间误差。与观测条件相关，如瞬时观测视场中的目标星数量、亮度、光谱特性以及在视场中的位置等。

（2）热稳定性漂移。与在轨飞行期间星敏感器热学环境周期性变化等因素相关。

对于视场空间误差，由于其影响因素包括星点 PSF 形状变化、光谱特性、标定误差、目标星分布等，且在时域内各因素的变化周期不同，因此表现为时域非随机信号和有色噪声的叠加。

对于热稳定性漂移，主要可归结为星敏感器整体结构的热稳定性问题。由于星敏感器结构热变形模型非常复杂，远非几个数学公式所能描述。因此，热环境对星敏感器低频误差的影响，需要在热光机耦合分析的基础上，通过试验测试来评估验证。

3）星敏感器长期误差

长期误差在较长时间周期内不发生变化，一般为常值偏差，简称常偏，长期误差在卫星入轨后即保持不变。这一误差主要是经历主动段后，由星敏感器内部变形、星敏感器安装位置改变等因素引起的常值误差。

高频误差为随机误差，可假定具有高斯白噪声统计特性。长期偏差可通过在轨标定进行修正。在未进行修正前，低频误差项表现为非随机误差和有色随机噪声的叠加。

基于统计理论，对含高斯白噪声的测量值可进行 N 次测量平差，以降低测量误差，其测量精度为单星测量的 $1/\sqrt{N}$。但非高斯白噪声误差项不符合上述规律，多星平差后精度提升不明显。

2. 误差控制及补偿方法

提高测量精度的关键是通过整机精度指标分配设计[4,9-11],控制低频误差源的各影响因素,减小未校星点位置误差;再通过测试标定技术研究,补偿低频误差中的趋势项和周期项,使剩余误差表现为统计高斯白噪声特性;进而增大测量星数,使用多星平均,以大幅度降低测量误差,达到规定的测量精度。

由于低频误差来源多样,频率成分复杂,很难像瞬时误差和高频误差那样通过一般的滤波方法滤除。因此,低频误差抑制技术是星敏感器精度提高的难点和关键点,也是当前研究的热点。

在引入星敏感器低频误差的各项因素中,星表误差和光行差可以使用天文学公式修正,其残差可以忽略。光学系统误差的修正较为复杂,采用高精度转台和恒星模拟器组成的地面标定系统求解星敏感器内方位元素,包括主点、焦距和畸变修正系数等参数,可以有效补偿光学系统误差,是抑制星敏感器低频误差、提高测量精度最基本、最主要的方法。但是,对于高精度、甚高精度星敏感器,仅使用地面标定的方法抑制低频误差局限性较大,主要体现为:①由于空间热环境的复杂性,地面难以实现在轨复杂温度场条件下内方位元素的标定;②对于不同谱段的恒星,其对应的内方位元素是有细微差别的,仅采用基于有限种类色温的点光源,很难覆盖复杂多样的恒星辐射特性;③长期的在轨运行,焦平面老化等因素可能导致内方位元素变化。因此,仅直接使用地面标定的内方位元素,而不根据在轨实际的工况和目标特性做自适应的标定,可能会导致低频误差相对地面测试的结果偏大,从而影响星敏感器在轨测量精度。

为克服星敏感器低频误差对航天任务的影响,通常有系统级和产品级两类解决方法。系统级的方法主要借助星上其他载荷或预先设置的地标,采用数据融合的方法实现。约翰斯·霍普金斯大学应用物理实验室、北京控制工程研究所均开展了系统级的在轨标定方法研究。由于此种方法需要结合惯性陀螺仪、高精度载荷等其他敏感器完成标定修正,利用的外部信息较多,对外部条件要求较高,一般用于地面事后处理,因此该方法有较大的局限性。

1) 低频误差抑制与补偿

星敏感器低频误差的抑制与补偿通常采用优化系统设计和滤波估计补偿方法。

(1) 优化系统设计。优化系统设计是对抑制星敏感器低频误差最直接的措施,可以根据星敏感器低频误差的来源和机理,直接在设计和标定星敏感器时就对误差源进行调整,以减少低频误差的产生。主要的优化措施有标定方法优化、光学系统优化及隔热措施优化等几种。

(2) 滤波估计补偿。基于低频误差建模分析,现有星敏感器低频误差的模型共有3种,即拟合多项式、高斯-马尔可夫过程和傅里叶级数。

星敏感器的低频误差无法采用一般的卡尔曼滤波和在轨标定算法消除,需要有针对性地对其进行估计和补偿。

2)高频误差抑制与补偿

星敏感器高频误差的抑制主要分为优化系统设计和高频抖动抑制这两个方面。

(1)优化系统设计。由于星敏感器的一部分高频误差表现为像素空间误差,因此提高传感器工艺和增加光学系统的分辨率等方法都能够减少星敏感器的高频误差。不过这种方法仅对来自星敏感器自身的高频误差有效,无法抑制空间抖动带来的误差,所以对星敏感器高频误差的抑制效果有限。

(2)高频抖动抑制。星敏感器高频误差通常的估计校正方法是将其简化为时域下的高频白噪声,而白噪声并不能完全表征星敏感器高频误差的特性,不能实现星敏感器高频误差的有效补偿。而对星敏感器高频误差的校正,往往通过对星体高频抖动的抑制来间接实现。

3)时域误差抑制

时域误差的来源广泛,硬件电噪声部分可以由器件选型和电路设计方面入手,对时域误差进行抑制。杂光部分可以通过提高遮光罩的消杂光率和图像防杂处理等措施来抑制。实际上,由于时域误差表现为零均值高斯白噪声随机误差,所以通过估计滤波或是平滑的方式,都能够较好地抑制时域误差对姿态确定精度的影响。

4)偏置误差抑制

偏置误差的抑制分为地面标定和在轨标定两个部分。由于卫星发射会对偏置误差产生影响,因此两者缺一不可。由于卫星在轨运行稳定后,偏置误差趋于固定,为一个常值,所以通过系统比对的方式即可对其进行补偿。

2.2.3 空间多物理场环境作用机理

空间环境中存在卫星平台振动、仪器温度波动、不均匀天光背景等多种影响源,这些影响源表现为分布的形式,可以统称为多物理场。多物理场作用与空间指向测量仪器,会使得星像发生模糊、光轴漂移、信噪比降低等,且各物理场间存在耦合作用,使得仪器在已有仪器特性基础上发生复杂的变化和漂移,最终影响指向测量精度。本小节中多物理场主要包括温度场、光场、应力场、抖动效应、空间辐射以及多场耦合作用等。

1. 温度场

空间光学测量仪器要对恒星成像,光学系统基本上都置于舱外使用,导致温度变化范围相对较大。测量仪器在星上安装时,杂光一般要考虑避开太阳光,工作温度通常较低,当然可通过热控技术使其稳定在某一合适工作温度下。感光探测器的噪声水平都与温度密切相关,温度升高,噪声水平明显增加。

卫星在轨飞行中不断调整姿态,经受的太阳光辐射环境是复杂多变的。空间环境如真空、低温、自身热源等因素,也影响着卫星的传热过程。温度变化导致星上设备元器件的参数发生漂移,而持续的高温会加快元件的老化,通常会降低材料的强度,引起材料热胀冷缩效应,导致机械形变或光学畸变,最终导致光轴指向呈现一定漂移特性。

AST301[13]入轨初期,测量精度与地面测试结果相当,AST301 入轨 70h 后,RMS 单星误差升至 2.74″,此时 1σ 三轴误差分别为 0.35″、0.35″、7″。伴随单星误差的增长,光学系统温度从 7℃降至 -20.5℃,光学参数发生了明显的变化。

温度变化会对测量仪器的光学系统性能产生影响[13-14]。弥散斑的变化大小直接决定了测量仪器的信噪比和提取能力的变化,质心高度变化直接决定了测量仪器的精度。可通过分析得到弥散斑 RMS 半径和各视场能量质心高度随温度变化的曲线。

温度径向梯度和轴向梯度对镜头半径、镜间距和光学元件的厚度、倾斜和偏心都会造成一定影响,会使成像系统产生离焦。

仪器的光学系统需要在一系列温度条件以及不同的热状态下能够不被破坏并正常工作。温度变化对光学系统性能的影响有两种:一是温度变化产生的热胀冷缩,可以使光学元件的位置和形状发生改变;二是温度变化还会改变材料的折射率。除了性能外,热影响还可能会造成光学系统的结构失效,包括挠性元件的屈服或者极限失效、黏结剂的分离以及玻璃元件的断裂等。

由于材料的热胀冷缩特性,光学系统中的温度变化会产生热应变,由此导致光学元件尺寸和位置的改变。光学元件的变化包括光学元件厚度、直径、曲率半径的变化以及高阶的表面变形等。这些光学系统指标的偏差会影响到系统光学性能。

在大型光学镜坯以及支撑结构上,热膨胀系数(coefficient of thermal expansion,CTE)的空间变化可能会产生不可接受的误差。CTE 的不均匀性可能由于原材料的制造产生或晶粒尺寸以及方向的微观机械变化引起的。对于均匀的温度变化,CTE 不均匀性的影响和作用在光学系统上的热梯度是等价的。在有限元模型中,可以通过给单元赋予不同 CTE 值来表示已知的 CTE 空间变化。由于材料改变时必须重新计算刚度矩阵,因而在单独一次有限元分析求解中,这个方法只能分析一种 CTE。为了在一次有限元分析求解中使用多个 CTE 空间变化,一个更有效的方法是使用热载荷矢量来表示 CTE 的变化,在一次有限元求解中就可以同时分析多个热载荷矢量来评估 CTE 的空间变化,并进行灵敏度分析以估计其影响。

除了热弹性效应,温度通过改变光学材料的折射率也会影响光学系统性能,使光学系统产生波前差。热光系数 dn/dT 定义了光学材料折射率随温度变化的函数关系。有两个常用的热光系数,即相对的和绝对的。相对热光系数 dn_{nel}/dT 表示光学材料相对空气的折射率变化;而绝对热光系数 dn_{abs}/dT 表示折射率相对真空的变化。玻璃材料的热光系数差别非常大,范围可以从正值到负值。热光系数是波长和温度的函数。

为表征温度对光轴热漂移的影响,北京控制工程研究所产品研制团队搭建了光轴热漂移试验平台,其实际布局参见图 2-7。该系统由真空罐、标准光源、准直系统、星敏感器转台等组成。真空罐可以去除大气效应带来的影响。

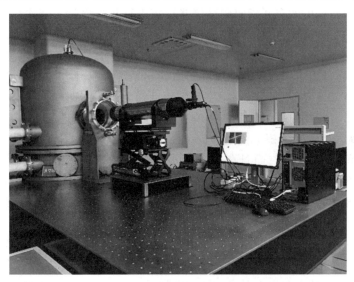

图 2-7 光轴热漂移试验系统

目前光轴热漂移专项试验中,星敏感器安装在真空罐内高稳定性温控平台上,星模拟器安装在真空罐外的光学平台上。星模拟器星点通过真空罐的窗口玻璃进入星敏感器视场,在试验过程中采集星图并通过对原始星图的分析获取星点位置信息,基于不同热工况下星点位置的变化量可以表征星敏感器的光轴漂移量。

这类试验有助于摸清已知产品精度随温度的变化特性,可用于对产品整体性评估,从而指导产品设计,如改进材料设计,减少镜头热梯度,在产品接口处进行热稳定设计等。但还缺乏相关检测手段和模型,难以定量化给出温度对实际星点运行状态的影响。除了进行零部件及系统级的热试验外,通过热－结构－光学性能的集成分析,也可以对热管理策略进行验证和确认。

避免温度对测量仪器产生影响的途径有热控或无热化设计等。热设计和管理是光学系统设计中的一个关键方面,无论是在工作还是非工作状态,它都要确保系统的性能和完整性满足要求。热管理可以使用被动及主动控制策略,其中包括通过选择合适的材料保证温度在可以接受的范围内。对于性能及环境要求严苛的复杂系统,热－结构－光学性能的集成模型对定量化评估热管理策略是非常有帮助的。对于高性能光学系统,热设计和分析应该从概念设计阶段开始。利用闭环的、参数简单的热模型进行分析和灵敏度研究,弄清热传递中传导、对流及辐射等模式,从而识别合适的热管理策略。在所有方案中,被动热控技术由于具有成本低、可靠性高及简单等特点而经常成为设计的首选。

大多数高精度的空间指向测量仪器均需进行热控设计和结构热稳定设计,通过材料的合理搭配、主/被动热控设计等手段可保证其在轨指向性能。例如,JMAPS[15]的目标是用于制作更高精度星表,不只是为天上系统提供更高精度的恒星位置,而且为下一代更高精度的姿态确定系统提供开创性的、成熟的、低风险技术。JMAPS望远镜具备高精度天体测量能力,可装备于卫星用于编队飞行等。为降低温度场对探测精度的影响,探测器组件温度需低于193K,稳定度小于10mK。采用的光学望远镜配件(optical telescope assembly,OTA)在5天内温度稳定度可优于0.15K;而且要求采用被动热控技术(无活动部件,可以有加热)。其遮光罩为铝合金,中部是碳纤维,后部光学主体部分是SiC材料,可使其热稳定性比较好。滤光轮、调焦驱动机构、遮光门三处机构与OTA隔热,机构自身需加热到250K以上。

另外,一些光学元器件在空间循环温度场作用下,除了会造成光学仪器测量误差的面形、折射率等因素变化外,还可产生不可逆的影响,造成光学仪器测量性能急剧下降,其主要损伤形式包括光学膜层剥落、光学表面形状改变等。

2. 光场

光场主要指太空背景和来自太阳、月亮、密集星光、地气光形成的杂光环境。杂光也称为杂散辐射,它指到达光学系统像面的非成像光线,对光学系统的影响表现为像面对比度下降,从而导致信噪比降低和光学传递函数退化,干扰成像信号的识别和提取。光学系统杂光极其容易在系统内部形成多个鬼像,这些鬼像在影响光束质量及传输特性的同时也可能对系统的光学元件造成永久性的伤害。例如,在航天光学遥感器中,杂光有可能在像面形成眩光甚至是非正常像,这将严重影响相机系统获得信息的水平。对于探测星光的指向测量仪器来说,星光本身为微弱光信号,易受强杂光影响而使探测受到干扰,从而导致数据失真。

对于星敏感器等高精度指向测量仪器,精度要求越来越高,而仪器的精度水平取决于星点的位置计算精度,星点位置计算是由星点提取的有效性及精度水平决定的,因此成像系统对杂光的消除程度直接影响仪器的精度水平。尤其在弱光探测以及对图像的分辨率精度要求不断提高的情况下,杂光抑制显得尤为重要。杂光作为非目标光线,经过非成像光路到达探测器,在探测器上形成背景噪声,对星点提取的可靠度产生明显影响,杂光的抑制也成为空间光学工程的关键技术之一[17]。

一般杂光的来源主要有 3 类[17]。第一类是光学系统视场外部的辐射能,进入系统后经系统内部构件的多次反射、折射或者衍射到达探测器。这种杂散辐射通常来源于视场外强光源的背景辐射、太阳及邻近地面的强辐射等,因此是星相机与星敏感器的杂光抑制设计与分析所主要考虑的。第二类是光学系统视场内部的成像光线,经过非光路表面的非正常传递而进入探测器,一般包括因光学表面问题引起的透镜表面散射,玻璃内部闪点、结石、气泡和条纹的散射,光线在光学零件、机械结构元件表面和接收器表面之间的散射、反射等,是地相机成像的主要影响因素。第三类是光学系统内辐射源产生的红外辐射射线,主要在红外相机杂光分析中需要考虑。

在杂光抑制中遮光罩是抑制杂光的关键措施之一,在光学系统设计的初期,要根据系统杂光抑制能力的指标要求进行抗杂光设计,并借助杂光仿真软件进行模拟计算,分析对杂光的抑制性能,并根据仿真结果进行迭代设计。除优化遮光罩设计、提高太阳抑制角外,在软件和硬件上还需要进行有针对性的处理和优化。通常从指向测量仪器的精度实现指标上看,杂光情况下,星点成像质量会受到很大影响,星点提取的位置误差明显加大,如何找到更为精确的方式,确定恒星在杂光条件下的位置是需要解决的问题。

杂光评价指标主要包括点源透射比和杂光系数等[18]。

(1) 点源透射比(point source transmittance, PST)。这是评价不同离轴角度下光学系统杂光抑制能力的主要指标,定义为由离轴角为 θ 的光源(点源或者平行光光源)经光学系统抵达探测器的辐照度 $E_d(\theta)$ 和光源在光学系统入口上的辐照度 $E_I(\theta)$ 之比,即

$$\mathrm{PST}(\theta) = \frac{E_d(\theta)}{E_I(\theta)} \quad (2-26)$$

分别计算视场外不同离轴角下的 PST,可以获知光学系统的杂光抑制水平。太阳等星体近似看作无穷远处的点光源,可用 PST 评价相机由太阳引起的杂光影响。

(2) 杂光系数。其定义如下：将物体放在亮度均匀的扩展光屏（通常采用积分球来实现）中心的理想黑斑（积分球内壁上安装的人工黑体，如牛角管）上，经被测光学系统在探测器上形成的黑斑像中心的照度为 E_B，黑斑移去时光学系统探测器上照度为 E，两者之比得到杂光系数，即

$$V = \frac{E_B}{E} \tag{2-27}$$

杂光系数的实质为探测器上的杂光能量占所有抵达探测器能量的比例，是描述光学系统杂光性能的常用参数，能够直观体现相机杂光的大小。同时使用以上两种指标，根据各自的特点分别得到点光源和扩展光源条件下相机杂光的大小，能够更为全面地评价光学测量仪器受到的杂光影响。另外，杂光评价方法还有轴外杂光抑制比、遮挡衰减、规范化的辐照度透过率和消光比等。

由于空间探测发展的需要，杂光理论、杂光分析、消杂光材料、消杂光技术上都有很快发展。消杂光技术已经成为一门综合技术，并已发展出众多分支，如系统杂光测试、散射理论、双向反射分布函数设备与测量、分析软件、材料研究等。

3. 应力场

应力场指测量仪器的光学元件和机械结构部分受本身材料因素或热环境及外力因素（如地面的引力作用及航天器发射后引力释放效应等）的影响而产生的仪器系统的应力分布。

光学元件或机械结构材料中的应力主要包括热应力、结构应力、机械应力等。热应力是由材料的热胀冷缩以及材料制备过程中导热的不均匀而在退火过程中形成并固化在材料内部的应力场。结构应力主要指材料的微观不均质性，如气泡、孔洞、杂质等缺陷的存在使结构热膨胀系数非均布导致的应力。机械应力主要指受到外力作用时由于应变－应力关系而在材料内部产生的应力场分布。

测量仪器的光学系统和机械结构受到来自系统内外包括惯性、压力、动力、温度及机械载荷在内的多种因素影响，会产生机械应力。若超过材料的屈服强度，过大的应力会使光学支座以及支承结构产生永久变形，造成光学元件的失调以及光学性能的损失。

为了避免损害零部件包括挠性元件、黏结剂/环氧胶和光学元件等结构的完整性以及防止达到极限破坏，也必须使应力最小化。通常需要进行详细的应力分析，并选择和应力相适应的玻璃设计强度，以便避免玻璃镜片发生脆性断裂。确定设计强度需要弄清断裂力学的失效机制、详细的应力分布、具体的玻璃类型、存在的表面缺陷以及由于环境增强的断裂导致的亚临界裂纹增长等。为了满足寿命期内工作要求，可以通过建立失效时间曲线来确定设计强度。另外，光

学玻璃上存在的机械应力,由于光弹效应会使折射率发生各向异性变化,从而影响到光学系统的性能。应力双折射的产生使光学系统内同时形成了波前差和偏振误差。

光学材料在机械应力作用下,由于光的弹性效应会发生应力双折射。这一现象可以通过玻璃板在承受单向应力时的例子来说明。外加应力在板平面内和应力平行、垂直的两个方向上都修改了玻璃的折射率。如果在外部机械载荷影响下,透镜元件内的应力变化分布呈现广义三向应力状态,那么光学属性就变得各向异性和不均匀,由此就会使光学系统产生波前差或偏振误差。

应力的其他影响包括机械应力和折射率椭球、各向同性材料的应力双折射、应力光学系数等,均会使光学元件及光学系统结构零件产生形变,进而影响光学系统的成像性能。精确测定晶体材料应力双折射效应的方法有很多种,如补偿光谱法、光强测量法、调制法等[20]。在应力场的仿真建模中,通常采用有限元方法来预测镜片基体以及支承结构中的机械应力,并以此评估对于光学成像及指向测量性能的影响。

4. 抖动效应

抖动指航天器自身挠性在光压、地磁、喷气冲力、动量轮相互作用下引起的有规律振动,频率范围在 0.1Hz 到数百赫兹之间。针对指向测量仪器,这些外界环境变化会引起恒星的能量波动、形貌波动,以及光学系统和机械结构特性的变化,也会引发材料特性的变化等,进而导致标定模型出现漂移。星相机在轨工作条件下,相机整体结构会发生姿态变化和振动,光学探测器以及光学元件也会受到不同程度的影响。对于光学遥感器来说,航天器的姿态变化以及光学系统结构参数的变化或光学元件的振动都将影响成像质量,从而造成光学遥感器很难达到地面设计的分辨力。空间动力学环境与地面环境的不同主要包括以下几个方面。

(1) 由地面重力环境到空间微重力环境。卫星设备的地面测试与装调过程均在地面重力环境下进行,卫星结构从地面重力环境到空间微重力环境的变化过程所伴随的重力释放,将会引发卫星结构的变形。

(2) 约束状态到空间自由状态。星相机在地面试验过程中,结构受重力影响需固定在与地面连接的基础平台上。而进入空间环境后,系统失去重力的作用处于无约束的自由状态,从而对内、外部的干扰源变得异常敏感。

(3) 在轨热真空环境的影响。卫星在轨运行时,由于轨道高度较高并且不存在空气介质,大型柔性构件进出阴影冷热交变时,使得结构经受环境温度剧烈变化的影响,不仅会造成地面环境下装调好的光学成像系统发生变化,还会诱发结构产生低频振动。

(4) 卫星微振源的影响。当星相机在轨工作时,各个子系统中动力机构的工作会形成空间动力干扰源。由于空间卫星的自由状态使得卫星对动力干扰源的响应异常敏感,即便非常微小的激励也能引发卫星结构的振动响应。

对于前三点环境因素的变化,在卫星的结构设计过程中就应进行考虑且采取补偿措施予以改善。对于卫星微振源的影响,目前很难给出客观的分析评价,对其进行的综合性研究并不深入。由于星相机微振动力学环境复杂,只能考虑做部分地面试验进行验证。此外,卫星的姿态控制系统难以实施对微振动响应的测控,因此仅能在有限试验的基础上依靠仿真分析方法对微振动进行评估。

抖动效应相当于在外界施加了一个随机外力,恒星成像位置会围绕某个中心向外弥散,形成一个弥散斑,同时较大的抖动会偏离原有轨道,类似于混沌效应。

指向测量仪器必须能够在不同形式的动态载荷下正常工作,且不发生故障。比如:星载设备在设计时需考虑能够承受发射过程的随机振动和噪声载荷,以及分离过程中火工装置的冲击载荷,并且能够在卫星平台简谐和随机载荷下正常工作。若仪器内部存在运动部件,则同样是振动的来源之一。

动态载荷会对指向稳定性、图像品质及结构完整性带来影响。视轴(LOS)抖动:对于成像仪器来说,光学元件在振动扰动下发生振动,使得一个静止物体的图像在像平面"抖动",由于抖动的影响,探测器上的图像变得模糊或被涂抹,从而损失像质和光学性能。仪器成像系统典型的设计目标,就是把动载荷下图像横向移动限制在一个像素以下,一个常用的经验法则就是使LOS抖动不大于一个像素的1/4。对于非成像系统,如激光通信系统,在有动态扰动的情况下,激光光束需要在较长距离上保持精确指向以维持正常通信链路。对于这种情况,一个好的初始设计就是把角度抖动限制在波束宽度的1/10以内。虽然LOS抖动主要指探测器平面上图像横向移动,但应该注意到,振动载荷也会产生纵向的图像运动或者离焦,它使图像沿着光轴移动。纵向图像运动对光学性能的影响通常没有相同幅值的横向移动严重。另外,由于存在传递函数的耦合性,计算纵向图像运动对光学性能的影响比计算横向运动的影响要复杂得多。

LOS抖动可以使用有限元分析在时域或者频域进行计算。图2-8描述了LOS抖动仿真的过程。建立有限元模型,通过分析捕捉振动扰动下光学系统的结构动力学行为,并预测光学元件的刚体运动。把LOS抖动的光学灵敏度系数乘以每个光学元件的刚体运动,就可以计算产生的图像运动。在静态载荷如重力及温度变化等条件下,光学系统产生的指向误差也可以使用同样的技术。

LOS抖动对像质的影响。由于动态激励造成图像横向运动使得探测器平面上图像的亮度变得模糊,从而增加了PSF的有效尺寸,由此造成了光学分辨率

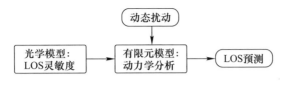

图 2-8 LOS 抖动仿真过程

的损失,根据光学模型的 PSF,可以计算出相应的考虑了抖动影响后的传递函数。对于多种图像运动形式,包括匀速图像运动、高频正弦图像运动、低频正弦图像运动和随机图像运动。可以利用封闭形式的表达式计算调制传递函数(MTF)。把光学系统名义的调制传递函数乘以由抖动影响计算得到的调制传递函数,就可以得到一个考虑了抖动影响的光学系统总的调制传递函数。

积分时间对 LOS 抖动的影响决定了相对于积分时间的图像运动频率。探测器积分时间可通过减小低频运动幅值,降低简谐运动对光学性能的影响。对于高频图像运动,在积分时间内有多个周期的图像运动,探测器上合成的图像运动是振荡的,达到了最大幅值,并且指向误差的均值为零。而对于低频图像运动,积分时间使得图像运动限制在一个完整周期内,因而减小了图像运动的幅值,会产生平均的指向误差。缓解动态载荷影响的策略除了应用被动隔振和主动稳定性技术外,还可以优化结构的动态响应设计。

LOS 主动稳定技术一般用来在振动扰动下稳定光束的指向。比如:内置在光路中与光学探测器联系在一起的快速转动镜,可以补偿光学系统的刚体和弹性扰动;再如转动镜和集成了惯性测量单元的指向平衡架,就具有了补偿光学系统刚体运动的能力。更复杂的 LOS 主动稳定仿真需要详细的控制系统。

隔振通常指使用机械隔振系统来保护敏感的光学元件不受高频振动的影响。隔振装置安装在振源和探测器之间,其作用就是一个低通滤波器。有许多类型的机械隔振装置,包括充气的、弹性材料的、线圈、钢缆等。每种隔振装置都有其优、缺点,在选择时要根据具体应用和设计要求来确定。

5. 空间辐射

空间辐射对仪器的探测性能最直观的影响即是对探测器及其探测电路的损害。由高能带电粒子和高温等离子体组成的空间辐射环境所引起的充放电效应、总剂量效应和单粒子效应最容易引发航天器异常[21]。人们对星载电子设备的辐射效应越来越重视。空间指向测量仪器作为一种空间光电产品,其电路部分受空间辐射的影响效应不容忽视。

1)空间辐射对图像探测器件的影响

空间指向测量仪器中的图像探测器、处理器等均会受空间辐射影响而造成性能下降和功能失常。空间指向测量仪器的核心元器件为图像探测器芯片,早期星敏感器都是以 CCD 图像探测器作为恒星成像器件,随着指向测量仪器低功耗、微小型化的需求日趋增多以及 CMOS 工艺的进步,基于 CMOS 图像探测器的星敏感器成为目前市场上的主流产品。星敏感器在轨工作时,太空环境中存在着大量的高能粒子、质子、中子、γ射线等辐射源,会对星敏感器中的 CMOS 图像探测器造成辐射损伤。目前国内外很多研究小组对 CMOS 图像探测器的辐射效应进行了大量研究,由于空间辐射效应的复杂性及图像探测器像素结构的多样性,多数研究工作仅对 CMOS 图像探测器的辐射效应进行独立分析,而未对由于 CMOS 图像探测器总剂量效应导致星敏感器整机性能退化进行系统分析。

2) 空间辐射对测量仪器电子学系统的影响

随着电子设备集成度的不断提高,器件尺寸不断缩小,星载电子设备越来越复杂,电子系统更易受瞬态故障的影响。据预测,地面计算机设备中发生的瞬态故障率为永久性故障率的 $10\sim50$ 倍;而在空间环境中,因重离子和质子引起的星上电子器件单粒子翻转的瞬态故障率则为永久故障率的 1000 倍。因此,在航天器电子系统设计中不仅要考虑辐射的总剂量效应,还要研究空间高能粒子所引起的单粒子翻转效应。地球轨道航天器可能受到地球辐射带内高能粒子的轰击,还可能受各种宇宙射线、太阳耀斑产生的粒子和行星际介质中各种高能粒子的轰击。空间自然辐射环境与太阳活动周期和地球附近各种活动因素密切相关。在太阳活动周期中,空间环境的辐射通量可能改变一个数量级,而太阳耀斑则可能使粒子辐射通量增加几个数量级。

例如,近年来,由于静态随机存取存储器(SRAM)型的现场可编程逻辑门阵列(FPGA)具有高密度、低成本、可动态重构的特性,在航空航天领域应用也越来越多。然而,其工作的空间环境存在大量的高能粒子,这些高能粒子撞击到器件敏感区上,会导致半导体电路中的逻辑状态翻转,称为单粒子翻转效应。FPGA 的存储器、基础时钟管理模块(DCMB)、可配置逻辑块(CLB)对单粒子翻转都比较敏感。因此,必须对 FPGA 进行相应的容错设计,提高对单粒子的容忍能力,以保证 FPGA 功能正常。

3) 空间辐射对测量仪器光学元件及光学系统的影响

空间辐射效应除影响电子元件正常工作外,还会对光学元件造成不可逆的影响。由于受到空间环境中多种因素的影响,在轨服役一段时间后,航天器光学系统的主反射镜光学性能出现退化,成像质量会有所降低。目前,有关空间环境效应对反射镜光学性能影响的研究已广泛开展,并取得了一定的进展,发现兆电子伏特以上的高能质子和电子辐射对反射镜性能影响很小。

文献[22]研究了低能的质子、电子辐照对铝膜光学性能的影响。试验结果表明,一旦经过质子辐照后,反射镜的反射率在200~800nm紫外短波波长范围内产生下降;随着辐照剂量的增加,这一效应更加明显,且逐渐向长波方向移动;然而,对红外区域基本没有影响;随着辐照能量的增加,因辐照剂量增加造成的辐照损伤效应具有减小的趋势。空间原子氧对光学系统同样存在着显著影响。原子氧和聚合物、碳等作用形成挥发性氧化物,和银作用生成不黏的氧化物,造成表面逐渐剥蚀;和铝、硅等材料作用形成黏合的氧化物,附着在航天器表面并改变航天器表面的光学和力学特性。可见,原子氧对某些材料的剥蚀作用是相当严重的。

文献[23]研究了原子氧对Kapton/Al薄膜性能的影响,结果表明,随着原子氧辐照时间的延长,材料的质量损失也不断增加,材料的质量损失与原子氧辐照时间几乎成正比例关系;Kapton/Al薄膜的太阳吸收率的变化随着辐照时间的延长而不断增加,在原子氧辐照时呈现曲线上升趋势,随着时间的延长,增加幅度越来越小,最终趋于平稳;材料表面粗糙度随着原子氧作用时间的增加而增大。在辐照1~2h时材料表面粗糙度的变化较小,材料的太阳吸收率变化也较小;在辐照2~12h时材料表面粗糙度变化较大,材料的太阳吸收率变化也较大。

6. 多场耦合作用

光学测量仪器在空间环境应用时,面临的是前述多物理场综合作用,产生的效果即对精度的影响等是综合作用下的结果。目前对多场综合作用影响机理的认识是过程耦合,但机理独立。过程耦合是指几种因素在作用过程中通过作用效果的反馈而互相产生影响。

例如,典型的光机热耦合,几种环境因素在作用到仪器本体的过程中就存在互相耦合、双向耦合的关系。如假定仪器受某角度太阳光照,一是直接带来杂光干扰,二是太阳辐射热量导致仪器温度变化。而光热效应引起仪器机械变形,机械变形会引起仪器受照角度的微小变化,即对受光、受热的过程产生影响。该影响过程是双向的,是几种因素施加过程中的耦合,但耦合的过程中有仪器本体产生的效果反馈到施加过程,促成了耦合的产生。

其他几种环境因素的耦合过程同理。

2.3 误差链路建模

2.3.1 相对论框架下参考基准模型

1. 天文观测的一般模型

天文学依赖高精度的空间观测,而高精度的观测数据需考虑在广义相对论的框架下进行建模与计算。1915年爱因斯坦创立了广义相对论。根据广义相对论假设,电磁波的空间传播过程受到时空弯曲的作用,其路径的偏折量值本质上与其时空曲率有关。因此,基于广义相对论假设,可以在天体测量中建立星点成像模型。

许多研究学者对天体空间位置观测中的相对论效应进行了研究,其中太阳引力场中的引力光偏转是位置观测相对论模型中的最重要组成部分,也是广义相对论的第一个试验测试。早在依巴谷时代人们就已经认识到,必须将相对性原理用于恒星的观测位置与所得星表位置之间的转换。要达到更高的观测精度,对应的观测模型也要复杂得多。

根据相对论的一般理论或基于PPN形式的其他度量理论,应至少定义一个四维参考系,覆盖观测过程发生的时空区域。典型天文观测包括四部分,即观测者的运动、被观测物体的运动、光线传播和观测过程。需要基于相对论框架构建观测者和被观测物体的运动方程并予以求解。另外,天文信息可以通过求解光线时空传输方程得到。

在给定参考系下,求解被观测物体和观测者的运动方程以及光线传输方程,这3类方程可合集为观测量的相对论模型。当某个初始时期的位置和速度是已知时,可以在给定时刻计算物体、观测者和光子相对于特定参考系的位置和速度信息。但是,这些位置和速度显然取决于所选用的参考系。因此,观测模型中还需补充基于相对论体系的观测过程的描述,以使计算结果摆脱选用的参考系的影响,毕竟观测物理量应与参考系无关。通过求解观测量的相对论模型,每个观测量由一组经过拟合后的参数集合来表征。

相对论模型中的参数是与选用的参考系相关的,即坐标依赖的,如星体的坐标和速度等。但从物理角度看,某时空区域的物理现象是客观存在的,对它的描述应该是不依赖于某具体参考系的,因此可以自由选择用于观测建模的参考系,以保证物理过程描述的简洁和参数求解的便利。

因此,对于宇宙空间内足够小区域内的物理现象建模,可以构建局部参考系根据爱因斯坦等效性原理,在该局部参考系下,可尽量消除外界的引力影响。例如,可以将整个太阳系视为一个整体,构建太阳系质心参考系,太阳系外部的引力影响以潮汐力的形式表现,且非常小,在多数情况下可忽略。太阳质心参考系适合描述太阳系内的星体动力学以及模拟太阳系引力场的影响。另外同理,可以以地球质心为中心构建地心参考系,以便于描述地球卫星运动、地球自转运动等。

国际天文学联合会(International Astronomical Union,IAU)建议使用一种特殊形式的质心和地心局部参考系来为天文观测建模,包括太阳系质心天球参考系(BCRS)和地心参考系(GCRS)。BCRS 中的坐标时间 t 称为质心坐标系时间 (barycentric coordinate time,TCB),GCRS 的坐标时间 T 称为地心坐标时间(geocentric coordinate time,TCG)。根据 IAU 规则,BCRS 的空间坐标以小写字母表示,而 GCRS 的空间坐标以大写字母表示。

2. 模型的一般结构

模型中需要考虑单位观测方向 s、光线的单位切向量 n、在 $t\to -\infty$ 时光线的单位切向量 σ、从光源到观察者的单位坐标向量 k、从太阳系质心指向光源的单位向量 l 的变换关系,主要包括以下几个方面。

(1)光行差。在观测位置将对光源的观测方向 s 转换为 BCRS 坐标中光线方向 n。

(2)光源在无限远处的引力光偏折。此影响将 n 转换为光线的单位传播方向 σ(在跟太阳系的无穷远处,且 $t\to -\infty$)。

(3)光源的有限远与太阳系中引力光偏折耦合影响。此影响将 σ 转换为从光源到观测者的 BCRS 单位矢量 k。

(4)视差:此影响将 k 转换为从太阳系的质心到光源的单位矢量 l。

(5)自行运动:由于光源在 BCRS 中的相对运动导致时间依赖量 l 的合理性参数化。

模型中使用的时间尺度问题规定如下。

(1)观测者的原时:τ_o。

(2)第 i 个跟踪站的原时:$\tau_{\text{station}}^{(i)}$。

(3)坐标时 t = TCB,也可使用其变换形式 TDB,其中 TDB = $(1-L_B)$TCB, $L_B \approx 1.55051976772\times 10^{-8} \pm 2\times 10^{-17}$。

(4)坐标时 T = TCG,也可以使用其变换形式 TT,其中 TT = $(1-L_G)$TCG, $L_G = 6.969290134\times 10^{-10}$,为常数。

卫星原时 τ_o 和坐标时 TCB 的转换可通过下述方程的积分实现,即

$$\frac{d\tau_o}{dt} = 1 - \frac{1}{c^2}\left(\frac{1}{2}\dot{x}_o^2 + w(x_o)\right) + O(c^{-4}) \quad (2-28)$$

式中:x_o 和 $\dot{x}_o$ 为卫星在 BCRS 中的位置和速度;$w(x_o)$ 为太阳系的引力势能,可以通过以下公式近似获得,即

$$w(x_o) \approx \sum_A \frac{GM_A}{|r_{oA}|} \quad (2-29)$$

式中:$r_{oA} = x_o - x_A$;M_A 为物体 A 的质量;$x_A = x_A(t)$ 为其质心位置。

跟踪站的原时 TCG 之间的转换可以采取类似的方式获得,同时 IAU 也给出

了 TCB 和 TCG 之间的转换关系,此处不再赘述。

尽管从理论和概念的角度来看,上述相对论时标的使用是必不可少的,但从实际应用的角度来看,基于具体的精度考量可以对模型进行简化。这取决于特定的应用场景,此处将不进行分析。

3. 航天器的运动

光行差的计算精度与航天器自身的运动速度精度息息相关,一般来说,如果以 $1\times10^{-6}(")$ 的精度计算牛顿光行差,则观测者的速度精度需要达到 $10^{-3}\mathrm{m/s}$。如此精确的卫星运动建模是一项艰巨的任务,涉及复杂的运动方程,需要综合考虑各种非相对论,如牛顿多体力学、辐射压力、卫星主动推进等影响以及相对论效应。下面仅给出有关相对论模型的简要内容。

假设观测是从 BCRS 中的空间站或地球卫星进行的,其在质心参考系下的时间 t 的位置 x_o 是已知的。对于那些轨道不在地球附近的卫星,直接在 BCRS 中建模对它们的运动模拟是有利的。由于卫星的质量太小不足以显著影响太阳系中其他天体的运动,因此 BCRS 中的大地测量运动方程可以用作卫星的运动方程。在这里忽略卫星的复杂结构以及多体旋转运动产生的引力场。因此,考虑一个由 N 个物体组成的系统,每个系统都可以通过位置 x_A,速度 $\dot{x}_A$ 和质量 M_A 来表征,卫星的运动方程可以表示为[23]

$$\begin{aligned}
\frac{\mathrm{d}^2}{\mathrm{d}t^2}x_o = & -\sum_A GM_A \frac{r_{oA}}{|r_{oA}|^3} + \\
& \frac{1}{c^2}\sum_A GM_A \frac{r_{oA}}{|r_{oA}|^3}\bigg[(2\beta-1)\sum_{B\neq A}\frac{GM_B}{|r_{AB}|} + 2(\gamma+\beta)\sum_B \frac{GM_B}{|r_{oB}|} + \\
& \frac{3}{2}\frac{(r_{oA}\cdot\dot{x}_A)^2}{|r_{oA}|^2} - \frac{1}{2}\sum_A GM_B \frac{r_{oA}r_{oB}}{|r_{AB}|^3} - (1+\gamma)\dot{x}_A\cdot\dot{x}_A - \gamma\dot{x}_o\cdot\dot{x}_o + \\
& 2(1+\gamma)\dot{x}_o\cdot\dot{x}_A\bigg] + \\
& \frac{1}{c^2}\sum_A GM_A \frac{\dot{x}_o - \dot{x}_A}{|r_{oA}|^3}[2(1+\gamma)\dot{x}_o\cdot r_{oA} - (1+2\gamma)\dot{x}_A\cdot r_{oA}] - \\
& \frac{1}{c^2}\bigg(\frac{3}{2}+2\gamma\bigg)\sum_A \frac{GM_A}{|r_{oA}|^3}\sum_{B\neq A}\frac{GM_B}{|r_{AB}|}\frac{r_{AB}}{|r_{AB}|^3} + O(c^{-4})
\end{aligned} \quad (2-30)$$

式中: $r_{oA}=x_o-x_A$; $r_{AB}=x_A-x_B$; $\dot{x}$ 为 x 相对于 $t=\mathrm{TCB}$ 的总时间导数。

观测者卫星本身的轨道信息还需体现在模型中。例如,①在 GCRS 中定义的观测站的位置需转换到 BCRS 中;②在描述卫星与观测站之间的信号传播时,必须考虑到 BCRS 中的相对论效应;③卫星的原时与观测站点的时间尺度在 BCRS 中的匹配。观测卫星轨道信息主要包括在 BCRS 中的位置和速度,当然均

是 $t = \text{TCB}$ 函数。

如果卫星离地球足够近,则在 GCRS 中对其运动进行建模是更为有利的。卫星相对于 GCRS 的运动方程形式可以写为

$$\frac{\mathrm{d}^2}{\mathrm{d}T^2}X_\text{o} = \Phi_\text{E} + \Phi_\text{el} + \frac{1}{c^2}(\Phi_\text{coup} + \Phi_\text{mg} + \Phi_\text{SEP}) + O(c^{-4}) \qquad (2-31)$$

式中:Φ_E 为地球引力场引起的加速度;Φ_coup 为地球与第三物体的耦合项;Φ_el 为外部物体的潮汐力影响的"引力-电"部分,与卫星速度无关;Φ_mg 为外部物体的潮汐力影响的"引力-磁"部分,取决于卫星的速度;Φ_SEP 为可能的附加加速度。

如果式(2-31)用于表示卫星的运动,则确定卫星轨道的整个过程可以直接在 GCRS 中进行。求解轨道观测值应在相对论框架中统一建模:卫星位置和站点的坐标应同时在 GCRS 中进行描述,电磁信号的传播也需在 GCRS 中描述,卫星跟踪站记录的卫星自行时间和 TCG 在需要时应互相转换。轨道确定的结果是卫星在 GCRS 中的位置坐标及其速度随时间 $T = \text{TCG}$ 的变化。与 BCRS 中坐标位置的转换关系为

$$X_\text{o} = r_\text{oE} + \frac{1}{c^2}\left(\frac{1}{2}v_\text{E}(v_\text{E} \cdot r_\text{oE}) + \gamma w_\text{ext}(x_\text{E})r_\text{oE}(a_\text{E} \cdot r_\text{oE}) - \frac{1}{2}\gamma a_\text{E}|r_\text{oE}|\right) + O(c^{-4})$$

$$(2-32)$$

式中:$r_\text{oE} = x_\text{o} - x_\text{E}$;$x_\text{E}$、$v_\text{E}$ 和 a_E 分别为地球的 BCRS 位置、速度和加速度;$w_\text{ext}(x_\text{E})$ 为太阳系的引力势,但地球中心的地球引力除外。GCRS 中的加速度表示为

$$\frac{\mathrm{d}^2}{\mathrm{d}T^2}X_\text{o} = \delta v_\text{o} + \frac{1}{c^2}\Big\{\delta v_\text{o}\Big(\frac{1}{2}|v_\text{E}|^2 + (1+\gamma)(w_\text{ext}(x_\text{E}) + a_\text{E} \cdot r_\text{oE}) + v_\text{E} \cdot \delta v_\text{o}\Big) +$$

$$\frac{1}{2}v_\text{E}(v_\text{E} \cdot \delta v_\text{o}) + \gamma r_\text{oE}(a_\text{E} \cdot \delta v_\text{o}) - \gamma a_\text{E}(r_\text{oE} \cdot \delta v_\text{o}) +$$

$$\frac{1}{2}a_\text{E}(v_\text{E} \cdot r_\text{oE}) + \frac{1}{2}v_\text{oE}(a_\text{E} \cdot r_\text{oE}) + \gamma \dot{w}_\text{ext}(x_\text{E})r_\text{oE} +$$

$$\gamma r_\text{oE}(\dot{a}_\text{E} \cdot \dot{r}_\text{oE}) - \frac{1}{2}\gamma \dot{a}_\text{E}|\dot{r}_\text{oE}|^2\Big\} + O(c^{-4}) \qquad (2-33)$$

式中:$\delta v_\text{o} = x_\text{o} - v_\text{E}$ 和 $a_\text{E} = \mathrm{d}a_\text{E}/\mathrm{d}t$。

还需注意的是,卫星的旋转运动也应该进行建模,对于某些任务,卫星的姿态由卫星观测数据确定,但仍然需要一种理论建模。从理论上讲,为了对卫星的旋转运动进行建模,可以为坐标(τ_o, ξ)的卫星引入局部运动学非旋转参考系,其中 τ_o 是与卫星相关的原时,ξ 是与 BCRS 相关的参考系的空间坐标。考虑到卫星通常借助机载陀螺仪和对选定恒星的观测来监视和验证其姿态,并且考虑到

遥远恒星的精确姿态将由观测数据后验确定,因此考虑相对论效应具有实际意义。

4. 光源的实际运动

这部分内容考虑光源相对于 BCRS 的相对运动的影响。一般而言,为了将观察到的自行运动和观察到的径向速度等信息转换成物体的真实切向和径向速度,需要一些附加信息,但这些信息并非始终可获得。

在模型中光源的位置可以表示为

$$\boldsymbol{x}_s(t_e) = \boldsymbol{x}_s(t_e^0) + \boldsymbol{V}\Delta t_e + \frac{1}{2}\boldsymbol{A}\Delta t_e^2 + O(\Delta t_e^3) \qquad (2-34)$$

式中:$\Delta t_e = t_e - t_e^0$;$\boldsymbol{V}$ 和 $\boldsymbol{A}$ 为在光线发射时刻 t_e^0 评估的光源在 BCRS 中的速度和加速度。该模型允许考虑单个恒星或存在引力互相限制的稍复杂的系统。在稍复杂的情况下,如针对双星等的特殊情形也应予以考虑。

将 $\boldsymbol{l}$ 和 $\boldsymbol{\pi}$ 的定义代入式(2-34)可得

$$\boldsymbol{\pi}(t_o) = \boldsymbol{\pi}_0 + \dot{\boldsymbol{\pi}}_0 \Delta t_e + \frac{1}{2}\ddot{\boldsymbol{\pi}}_0 \Delta t_e^2 + O(\Delta t_e^3) \qquad (2-35)$$

$$\dot{\boldsymbol{\pi}}_0 = -\boldsymbol{\pi}_0 \frac{\boldsymbol{l}_0 \cdot \boldsymbol{V}}{|\boldsymbol{x}_s(t_e^0)|} \qquad (2-36)$$

$$\ddot{\boldsymbol{\pi}}_0 = -\boldsymbol{\pi}_0 \frac{\boldsymbol{l}_0 \cdot \boldsymbol{V}}{|\boldsymbol{x}_s(t_e^0)|} - \boldsymbol{\pi}_0 |\dot{\boldsymbol{l}}_0|^2 + 2\frac{\dot{\boldsymbol{\pi}}_0^2}{\boldsymbol{\pi}_0} \qquad (2-37)$$

$$\boldsymbol{l}(t_o) = \boldsymbol{l}_0 + \dot{\boldsymbol{l}}_0 \Delta t_e + \frac{1}{2}\ddot{\boldsymbol{l}}_0 \Delta t_e^2 + O(\Delta t_e^3) \qquad (2-38)$$

$$\dot{\boldsymbol{l}}_0 = -\boldsymbol{l}_0 \frac{\boldsymbol{l}_0 \cdot (\boldsymbol{V} \cdot \boldsymbol{l}_0)}{|\boldsymbol{x}_s(t_e^0)|} \qquad (2-39)$$

$$\ddot{\boldsymbol{l}}_0 = -\boldsymbol{\pi}_0 \frac{\boldsymbol{l}_0 \cdot (\boldsymbol{A} \cdot \boldsymbol{l}_0)}{|\boldsymbol{x}_s(t_e^0)|} - |\dot{\boldsymbol{l}}_0|^2 \boldsymbol{l}_0 + 2\frac{\dot{\boldsymbol{\pi}}_0^2}{\boldsymbol{\pi}_0}\dot{\boldsymbol{l}}_0 \qquad (2-40)$$

式中:$\boldsymbol{\pi}_0 = \boldsymbol{\pi}(t_0^0) = 1\mathrm{AU}/|\boldsymbol{x}_s(t_e^0)|$,$\boldsymbol{l}_0 = \boldsymbol{l}(t_0^0) = \boldsymbol{x}_s(t_e^0)/|\boldsymbol{x}_s(t_e^0)|$,为观测初始时期 t_0^0 的参数。观测者分别在时刻 t_0^0 和 t_o 接收到在时刻 t_e^0 和 t_e 发射的信号。发射和接收的运动可以描述为

$$c(t_o - t_e) = |\boldsymbol{x}_o(t_o) - \boldsymbol{x}_s(t_e)| - k(t_o) \cdot \Delta \boldsymbol{x}_p(t_o) \qquad (2-41)$$

以 $\Delta t_0 = t_0 - t_0^0$ 表示对观测的时间跨度,$\Delta t_e = t_e - t_e^0$ 表示光线发射的时间跨度。两者的关系可表示为

$$\Delta t_e = \left(1 + \frac{1}{c}\boldsymbol{l}_0 \cdot \boldsymbol{V}\right)^{-1} \Delta t_o + \frac{1}{c}\boldsymbol{l}_0 \cdot (\boldsymbol{x}_o(t_o) - \boldsymbol{x}_o(t_o^0))\left(1 + \frac{1}{c}\boldsymbol{l}_0 \cdot \boldsymbol{V}\right)^{-1} -$$
$$\frac{1}{2c}\left(\boldsymbol{l}_0 \cdot \boldsymbol{A} + \frac{|\boldsymbol{l}_0 \cdot \boldsymbol{V}|^2}{|\boldsymbol{x}_s(t_e^0)|}\right)\Delta t_o^2 + \cdots \tag{2-42}$$

式(2-42)中的第2项代表距离地球轨道较远的卫星的准周期效应,在具有足够大的自行运动的光源的运动描述中给出了重要的周期项。

光源的质心速度 $\boldsymbol{V}$ 的切向分量和径向分量可定义为

$$\boldsymbol{V}_{\tan} = \boldsymbol{l}_0 \cdot (\boldsymbol{V} \cdot \boldsymbol{l}_0) \tag{2-43}$$

$$\boldsymbol{V}_{\rm rad} = \boldsymbol{l}_0 \cdot \boldsymbol{V} \tag{2-44}$$

从地球上观测到的切向速度 $\boldsymbol{V}_{\tan}^{\rm ap}$ 和径向速度 $\boldsymbol{V}_{\rm rad}^{\rm ap}$ 的可表示为

$$\boldsymbol{V}_{\tan}^{\rm ap} = \boldsymbol{l}_0 \cdot (\boldsymbol{V} \cdot \boldsymbol{l}_0)\left(1 + \frac{\boldsymbol{l}_0 \cdot \boldsymbol{V}}{c}\right)^{-1} = \boldsymbol{V}_{\tan}\left(1 + \frac{V_{\rm rad}}{c}\right)^{-1} \tag{2-45}$$

$$\mu_{\rm ap} = \frac{\boldsymbol{l}_0 \cdot (\boldsymbol{V} \cdot \boldsymbol{l}_0)}{|\boldsymbol{x}_s(t_e^0)|}\left(1 + \frac{\boldsymbol{l}_0 \cdot \boldsymbol{V}}{c}\right)^{-1} = \boldsymbol{\pi}_0 \frac{V_{\tan}^{\rm ap}}{1AU} \tag{2-46}$$

$$\boldsymbol{V}_{\rm rad}^{\rm ap} = \boldsymbol{l}_0 \cdot \boldsymbol{V}\left(1 + \frac{\boldsymbol{l}_0 \cdot \boldsymbol{V}}{c}\right)^{-1} = V_{\rm rad}\left(1 + \frac{V_{\rm rad}}{c}\right)^{-1} \tag{2-47}$$

从地球上观测到的径向速度 $\boldsymbol{V}_{\rm rad}^{\rm ap}$ 可以用于计算真实径向速度 $V_{\rm rad}$。因此,如果根据观察结果确定了观测到的切向速度和径向速度,则可以立即复原真实的速度。通过多普勒观测(频谱)得到的径向速度既不是真实径向速度,也不是表观径向速度。在多普勒测量中,由卫星的运动和太阳系的引力场引起的相对论效应通常为几厘米/秒的量级,无法被空间天体测量任务检测到。

2.3.2 目标成像链路模型

1. 测量模型

1)单位矢量测量概率模型

采用四元数估计算法(quaternion estimator,QUEST)定义单位矢量测量的概率模型。设在仪器测量坐标系下的观测矢量为 $\boldsymbol{W}$,仪器光轴方向为 $\boldsymbol{Z}$,则观测矢量的入射角度为

$$\tan\alpha = \frac{\boldsymbol{W} \cdot \boldsymbol{X}}{\boldsymbol{W} \cdot \boldsymbol{Z}}, \tan\beta = \frac{\boldsymbol{W} \cdot \boldsymbol{Y}}{\boldsymbol{W} \cdot \boldsymbol{Z}} \tag{2-48}$$

单位矢量表示为

$$\boldsymbol{W} = \frac{1}{\sqrt{1 + \tan^2\alpha + \tan^2\beta}}\begin{bmatrix}\tan\alpha \\ \tan\beta \\ 1\end{bmatrix} \tag{2-49}$$

W 在单位球上的概率密度为

$$p_{\hat{W}_k}(\hat{W}'_k;A) = N_k \exp\left\{-\frac{1}{2\sigma_k^2}|\hat{W}'_k - A\hat{V}_k|^2\right\} \quad (2-50)$$

式中：N_k 为归一化常数。由于概率集中在 AV_k 附近非常小的区域内，可近似用该点的切平面代替，有

$$W_k = A\hat{V}_k + \Delta W_k, \quad \Delta W_k \cdot A\hat{V}_k = 0 \quad (2-51)$$

$$\begin{cases} E\{\Delta W_k\} = 0 \\ E\{\Delta W_k \Delta W'_k\} = \sigma_k^2[I - (A\hat{V}_k)(A\hat{V}_k)^T] \end{cases} \quad (2-52)$$

2）前向成像模型

设目标在 BCRS 下的方向矢量为单位矢量 V，以下假定 V 为单波长，实际目标出射为宽光谱，可在以下讨论基础上进行积分。由于星历存在误差，V 具有一定的不确定性，即 $V = V + \Delta V$。

ΔV 代表了天文星表的位置精度，预期可达到 $20 \times 10^{-6}('')$ 量级。恒星经过光行差、引力偏折、视差、自行影响后，得到仪器观测位置的方向矢量 V_1、V_2 和 V_3，V_1 代表光行差，与目标速度、观测者速度有关；V_2 代表引力偏折，与 V_1 有关；V_3 代表视差，与 V_2 及观测者位置有关。

观测者相对于 ICRS 坐标系的姿态表示为 $A(t)$，视方向矢量 V_3 经过 $A(t)$ 的变换，成为仪器测量系下的矢量 W，即

$$W = A(t) \cdot V_3 \quad (2-53)$$

$A(t)$ 随着卫星标称姿态 $A(t)$ 变化而变化，同时由于平台微振动的影响，还会产生高频的抖动 $\delta A(t)$，进入仪器的观测曝光周期内，其影响与振动频谱有关，可将 $A(t)$ 表示为

$$A(t) = \delta A(t) \cdot A(t) \quad (2-54)$$

矢量 W 经过光学系统后，由于光学系统像差的影响，其方向变化为 W_1，称这部分变化为视场畸变误差，简称视场误差。视场误差在视场内各个入射方向均不相同，可将其看作一个存在于全视场的非线性映射关系，即

$$W_1 = \text{FoV\_Aberration}(W, T(t)) \quad (2-55)$$

视场误差的来源有两个方面：一方面是设计因素，主要有光学系统畸变、色差；另一方面是加工装调因素，有材料特性、面型精度、偏心、倾斜、离焦、像面倾斜等。由于在轨环境的影响，尤其是温度场 $T(t)$ 的影响，会使上述误差源发生变化，因此视场误差不是一成不变的，除了在地面要标定补偿外，还需要进行在轨的视场误差辨识与补偿研究。

视场误差的变化在最终效果上体现为两方面:光轴漂移,即全视场方向统一向一个方向的变化;标定参数漂移,各视场位置的非一致性变化,需要用新的标定参数来精确表达。

光线到达探测器后,在(x_*,y_*)位置形成像斑,一般用 PSF 表示,即点源通过光学系统后形成的像斑,其形状取决于像斑"中心"、波长及衍射孔径等。注意此处像斑"中心"的含义是人为规定的。PSF 也会受到在轨温度场的影响而发生变化,PSF 的任意点(x,y)可表示为

$$\mathrm{PSF}(x,y) = \mathrm{PSF}(x,y,x_*,y_*) \tag{2-56}$$

将 FoV - Aberration 与 PSF 结合在一起,统一归作光学视场误差模型。探测器的光电探测过程受到探测器设计和加工误差的影响,在遥感成像中对输出信号的影响可表示为探测器调制传递函数,而在目标定位测量中,一般用像素响应函数(PRF)表示,其含义是对位于(u,v)像素位置的某个像素而言,像面上其他位置(x,y)的流量输入在这一像素上的输出,即

$$\mathrm{PRF} = \mathrm{PRF}(x,y,u,v) \tag{2-57}$$

另外,由于图像探测器加工工艺精度的限制,实际像素位置会偏离理论像素位置(u,v),即

$$u' = u + \Delta u \tag{2-58}$$

$$v' = v + \Delta v \tag{2-59}$$

基于上述探测器模型,像斑中某一个像素的流量可表示为

$$P_{u',v'} = \mathrm{flux} \cdot \int_{-\infty}^{\infty}\int_{-\infty}^{\infty} \mathrm{PRF}(x,y,u',v') \cdot \mathrm{PSF}(x,y,x_*,y_*) \mathrm{d}x\mathrm{d}y \tag{2-60}$$

该像素的杂光背景一般由空间杂光源,如太阳、地球、月亮等天体或者星表反射光线经过成像系统的散射后在像面上形成,分布不均匀,随着在轨的环境会发生快速变化。杂光背景在受限星点探测中起到重要影响,它使探测精度下限偏离高信噪比探测极限。

其像素输出为

$$\mathrm{DN}_{u',v'} = \int_{\lambda_{\min}}^{\lambda_{\max}}\int_0^{T_0}(P_{u'v'}K_{u'v'} + D_{u'v'})\mathrm{d}t\mathrm{d}\lambda + \mathrm{FPN}_{u'v'} + N_{u'v'} \tag{2-61}$$

式中:T_0 为曝光时间;$K_{u'v'}$ 为像素增益,不同像素其增益不同,体现在探测器的统计特性 PRNU(像素响应非均匀性)中,随时间变化的程度一般可忽略,$K_{u'v'}$ 表现为随流量增大的 1 阶项和高阶的非线性项,精确地标定 $K_{u'v'}$ 对流量测光和定位

都具有重要意义;$FPN_{u'v'}$为固定模式噪声,一般不随其他条件变化;$D_{u'v'}$为像素暗电流,它主要随温度变化,表现为像素温度的幂函数;$N_{u'v'}$为读出噪声,其影响源有像素 PD 复位噪声、像素跟随器噪声、放大器噪声和 AD 量化噪声等,一般认为其服从高斯分布。

2. 解算过程

仪器数据的解算是根据仪器原始测量输出,依据上述成像前向模型、逆向溯源,求解待测指向的计算过程,如图 2-9 所示。

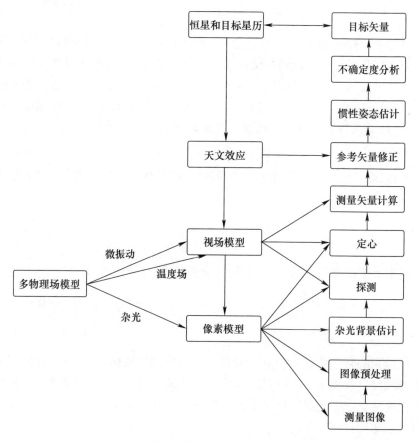

图 2-9 前向成像模型和逆向解算的过程

(1) 图像预处理。原始图像的 DN 值需要进行暗场偏置校正,使用事先标定的暗场模型,去除 FPN、暗电流等,然后进行明场校正,使用事先标定的像素增益模型,去除响应不一致性带来的影响。这里需要重点关注两点,即暗场模型随温度的变化规律、像素增益模型的准确度。其他处理还包括坏像素的探测与剔除。

（2）杂光背景估计。准确的杂光背景 $S_{u'v'}$ 估计是进行后续星图处理的基础。传统的方法采用图像灰度众数，或者为了降低野值影响，采用中值和均值组合，也有采用极大似然方法对背景进行逐像素估计。与天文望远镜不同，空间指向测量仪器视场较大，杂光影响严重，背景分布很不均匀，变化的时间在秒级至分钟级。对不均匀性的处理方法有一维滤波、二维滤波、多项式拟合等方法。为了实现更高的估计精度，需要在目标探测后去除有效探测目标的影响，再次进行背景估计的迭代处理。

（3）探测。目前点目标探测通用的方法是阈值法，其中阈值的确定是关键。按照经典的信号探测理论，根据设定的探测虚警率和有效率，按照 $N_{u'v'}$ 的高斯分布，可计算对应的探测阈值。也有学者研究利用先验的位置和流量信息进行星点的探测，如强制光度方法。对于探测能力更强和精度更好的方法，有先检测后跟踪、综合跟踪等方法。其中综合跟踪法利用图像合成思路，在行星目标上达到了很好的效果。

① 干扰剔除：由于空间粒子干扰形成的斑点和亮线轨迹，还有低轨互联卫星的反射像，都是需要进行剔除的干扰。对于粒子干扰一般利用其空间的随机性，使用多帧图像比对剔除。而规律的目标轨迹则需要一定的拟合处理，识别证认后再进行处理。

② 密集目标处理：随着探测星等的提升，越来越多的目标会因为距离过近而相互混淆。另外，空间目标出现的位置很有可能和恒星重叠，给目标探测带来很大难度。为了有效地分解混叠，可以采用多阈值分割的方法，如 Sextractor 软件，也可以采用整体拟合的方法，如 Daophot，选择适当的目标形状 PSF，对区域内的所有目标同时拟合。该方法的好处是可通过残差图像对解混叠效果进行评估，也能进行多次迭代，以实现更多暗弱目标的处理；缺点是需要提供一定精度的初值。对于空间目标的处理，可以利用目标的先验速度信息，采用恒星跟踪和目标跟踪的方法进行处理。

（4）定心。在约定的中心定义条件下，对像斑中心进行高精度定位是天体测量、显微成像、深空探测等多领域的基本问题。常用的定心方法有质心法、阈值质心法。其特点是没有假设条件，不需要参数估计和迭代，计算速度快，但精度一般不是最优的。另一类定心方法是在随机框架下采用参数估计方法。这其中的代表方法有 Daophot，它采用解析高斯 PSF 和残差表进行拟合，是一种很常用的方法。CRLB 是常用的定心理论，以 CRLB 为极限，可对最小二乘估计、极大似然估计、定心和测光联合估计等方法的极限精度进行研究。实际成像系统的 PSF 形貌都是空域变化和非理想的，如何分析非理想条件的 CRLB 是需要研究的问题。定心问题是光学模型和探测器模型高度耦合的问题，也是其难点所在。准确的 PSF 和 PRF 模型是进行定心处理的关键,也是尽可能逼近 CRLB 极限的前提。

由于实际仪器 PSF 并不符合高斯分布,并呈现空间的不一致性,直接高斯拟合法在空间指向测量仪器中的精度并不高。而 Matphot 的离散 PSF 虽然解决了数据表示的问题,但缺乏和探测器模型的有效结合。Anderson 提出的 ePSF 概念巧妙地融合了 PSF 和像素采样的影响,初步解决了这一问题,在哈勃太空望远镜(HST)图像处理上取得了较好的效果。

以上方法均从事后估计角度出发,估计精度主要依赖仿真的对比,缺乏实际系统测量结果和估计值的比对,其估计的不确定度缺乏实证。如何对光学系统的 PSF 进行高精度的建模仿真,并完成实验测量,和已有的估计方法进行不确定度分析,将有可能推动 PSF 建模和实验方法的提升。

(5) 测量矢量计算。在获得精确的探测器成像位置后,需要将其转化为仪器测量系下的测量矢量。这主要用到 FoV_Aberration 模型进行误差修正。常用的 FoV_Aberration 模型形式是多项式模型。在测量精度需求不断提升的背景下,这一过程需要重点解决两个问题,即 FoV_Aberration 模型参数标定以及模型在卫星多物理场尤其是温度场作用下的漂移。

对于视场误差模型的参数标定,常用的方法是转台+星模拟器方法。随着标定精度的提升,转台精度已无法满足需求,需要研究更高精度的参考角度测量方法,如激光小角度干涉测量方法,在 1° 范围内可以达到 0.01″ 的测量精度。另外,为了突破传统方法的限制,通过多星靶标引入更多测量信息,在数十个像素的窗口尺度开展跨尺度标定,或者通过整体平差的方法构建全视场高精度星场,则可以避开转台误差限制的影响,实现更高精度的标定,也是值得研究的方向。

对于模型的漂移问题,首先需要通过多学科建模方法,建立标定模拟和温度场的关系模型,然后在实验室环境下进行温度场的模拟加载,对模型进行验证和参数测量,最终通过设计与补偿手段进行处理。这其中,实验验证是实现迭代和提高建模精度的关键环节。传统的实验环境受到大气干扰、地面振动等多方面影响,难以精确测量模型漂移。为此需要对高精度温度场加载方法进行研究,以降低上述因素的影响。而一些新的计算光学的设计思路,如波前编码技术,有可能会降低温度场影响。

为了进一步降低未建模误差的影响,仪器在轨以后,仍然需要进行在轨标定。由于没有转台的参考指向,在轨标定的参考是星间角距,或者是恒星之间的角度关系的旋转不变性。例如,HST 发展的旋转密集星场方法,让恒星在全视场不同位置出现,对全视场不同位置的误差进行采样和抵消,构建参考值,以提取测量误差,然后进行补偿,实测能够达到很高的精度。

(6) 参考矢量修正。基于天文效应模型,对恒星的 ICRS 下的本征位置进行处理,得到其视位置。这其中需要用到观测者的位置和速度信息,以及目标的速度信息。这些信息需要通过其他测量手段来获得,其精度和更新速率会影响矢量修正的精度。

(7) 惯性姿态估计。最常用的姿态估计方法是将求解 A 表达为以下的 Wahba 问题,即

$$L(A) = \frac{1}{2}\sum_{k=1}^{n} a_k |\hat{W}_k - A\hat{V}_k|^2 \qquad (2-62)$$

姿态求解的方法比较成熟,求解的典型方法有 QUEST、基于奇异值分解的 FOAM 以及 ESOQ 等方法。其中 M. D. Shuster 推导了 Wahba 问题,在前文单位矢量测量误差模型下,其最小二乘结果等价于极大似然估计,为 Wahba 问题引入了统计意义。QUEST 给出了用于姿态精度评估的方差和 Taste 估计,具有重要的实用价值。

Shuster 进一步提出了等效测量矢量、均匀姿态分布、等效姿态测量误差模型等概念和理论,为姿态融合及其误差模型提供了方法基础。

(8) 不确定度分析。对于以上解算过程的统计特性,越接近原始测量量,其讨论越困难。姿态计算部分有较为成熟的概率分布模型,而定心部分和采用的解算方法相关,其分布特性较为复杂,天文效应、探测等部分的分布特性难以准确定义。对于求解的最终输出 V_s 的统计特性,由于涉及的模型很多,且难以用线性模型表达,直接求解其概率分布更加困难。因此需要采用蒙特卡罗方法对求解步骤和最终结果进行采样和模拟,以获取其统计特性,并给出不确定度的分析和评价。

2.3.3 多物理场综合作用求解方法简述

当前阶段主要研究多物理场单个因素或两项因素耦合后对成像或测量的影响,缺乏综合的或是多因素双向耦合的研究。

季家兴[24]研究了载体运动对星敏感器星点光斑定位的影响。首先,根据星点光斑细分定位算法,对星点光斑质心提取的误差来源进行了分析;然后,根据光学成像原理,分别建立了由载体角运动和振动运动造成的星点光斑变形的数学模型,并利用质心法对发生变形的星点光斑造成的定位误差进行了分析;最后,对由载体的角运动和振动造成的星点光斑定位误差进行了仿真验证。仿真结果表明,载体角运动造成的星点光斑定位误差随角速度的增大而增大;载体振动造成的星点光斑定位误差随着振动频率的增大呈现振荡衰减的趋势,与振幅

成近似线性增长的关系。

王芳[25]针对空间遥感测量仪器,对成像过程中各环节的误差因素进行建模、辨识和处理,研究了提高图像质量和成像系统应用效能的方法。将问题分解为正过程与逆过程两大部分,在正过程的成像误差建模和逆过程的误差辨识的基础上,研究图像质量提升方法,包括图像复原、插值、修复与频谱扩展等。针对成像误差建模问题,利用退化核函数的物理建模和相关先验信息,建立了成像误差的广义高斯表示模型,并通过理论论证和实验分析证明了这一建模方法的合理性。研究表明,该模型可有效降低模型的复杂性、提高辨识精度。在此基础上,针对图像误差辨识问题,结合稀疏表示与退化核函数的广义高斯表示,建立了退化核函数辨识的泛函最小化模型和椒盐噪声辨识的模糊推理模型,并设计了基于交错方向迭代的参数估计算法,实验结果验证了该方法的有效性。

两因素的多场耦合问题,多见于航空飞行器的流-固耦合问题、气动热力学耦合问题、空间飞行器的热致振动(太阳翼、指向天线等)问题等,较少见于空间指向测量仪器的分析。文献[26]从物理本质和工程角度剖析了高超声速流场、热和结构等各物理场间复杂的耦合结构关系,明确了多场耦合的层次关系和相关表征概念划分;然后遵循从简单到复杂、从局部到整体循序渐进的研究理念,按照"先流后固,逐级耦合"的思路开展研究工作。文献[27]研究了星载合成孔径雷达成像过程中的多物理场共同作用的问题,研究了星载合成孔径雷达天线的成像原理及场耦合参数,并对天线结构中可能存在的误差进行研究。根据天线口径远场区电磁场的数学模型绘制了理想天线方向图,并将天线可能存在的结构误差引入理想天线方向图,建立了机-电两场耦合模型,并将温度引起的变形结果引入机-电两场耦合模型,建立了机-电-热多场耦合模型。

目前空间光电指向测量仪器的多场耦合问题鲜有人进行理论研究。但高精度空间指向测量仪器趋向载荷化、大型化发展,如各类空间望远镜,其尺度效应均已不能忽视多场的双向耦合作用。

2.4 本章小结

本章主要概括了空间指向测量仪器的误差项及其影响机理、求解过程。从仪器成像物理过程入手,分别从目标特性、传输特性、成像探测等3个方面叙述了各阶段相关物理含义及影响仪器测量精度的误差源。对国内外现行的测量误差体系进行了介绍,对主要的误差项进行了解析、分类,并初步介绍了其控制措施。

针对天文效应对仪器测量精度的影响,主要从引力偏折、光行差、视差等方面展开论述,并从弯曲时空背景下的天文观测过程,如目标运动、观察者运动、信号传输过程、观测过程等入手,对可能引入的误差项进行了分析。

结合现行误差体系,逐项对误差项进行了注解,并分析了其产生的原因和机理,主要针对长期误差、高频误差、低频误差等进行详细介绍。以星敏感器为例,对几种常见误差的抑制和补偿方法进行了初步探讨。

空间多物理场影响方面,分别从温度场、光场、应力场、抖动效应及空间辐射等方面,分析了各单一因素对仪器测量精度的影响及其作用机理。目前对几种场因素的联合作用分析及评估以热-机-光耦合为主,对实现方法进行了简单描述。

对于高精度的星光测量仪器,参考基准的构建、成像误差定位及标定、精度的测试与评估等对实现其精度水平均非常关键,本书后续章节将着重介绍。

参考文献

[1] WEILER M. Revised Gaia Data Release 2 passbands[J]. Astronomy & Astrophysics,2018, 617:A138.

[2] KLIONER S A,KOPEIKIN S M. Microarcsecond astrometry in space – Relativistic effects and reduction of observations[J]. The Astronomical Journal,1992,104:897 – 914.

[3] WILL C M. Theory and experiment in gravitational physics[M]. Cambridge:Cambridge university press,2018.

[4] 庞博,黎康,汤亮,等. 星敏感器误差分析与补偿方法[J]. 空间控制技术与应用,2017, 43(01):17 – 24.

[5] 卢欣,武延鹏,钟红军,等. 星敏感器低频误差分析[J]. 空间控制技术与应用,2014,40 (02):1 – 7.

[6] KLIONER S A. A practical relativistic model for microarcsecond astrometry in space[J]. The Astronomical Journal,2003,125(3):1580.

[7] BRUMBERG V. Essential relativistic celestial mechanics[M]. Los Angeles:CRC Press,2017.

[8] DRAVINS D,GULLBERG D,LINDEGREN L,et al. Astrometric versus Spectroscopic Radial Velocities1[C]//International Astronomical Union Colloquium. Cambridge University Press, 1999,170:41 – 47.

[9] 金荷,毛晓楠,李新鹏,等. 星敏感器低频误差在轨补偿方法[J]. 光子学报,2020,49 (1):0112005.

[10] 熊凯,宗红,汤亮. 星敏感器低频误差在轨校准方法研究[J]. 空间控制技术与应用, 2014,40(03):8 – 13.

[11] 邢飞,尤政,孙婷,等. APS CMOS 星敏感器系统原理及实现方法[M]. 北京:国防工业出版社,2017.

[12] VAN BEZOOIJEN R W H. SIRTF autonomous star tracker[C]//IR Space telescopes and instruments. International Society for Optics and Photonics,2003,4850:108 – 121.

[13] WEIS H S,AUGUSTIN S. Simulation of thermal behavior in high – precision measurement instruments[J]. International Journal of Thermophysics,2008,29(3):1184 – 1192.

[14] 赵振明,于波,苏云. 基于热平衡试验的某空间相机热光学集成分析[J]. 航天返回与遥感,2014,35(04):51 – 58.

[15] DORLAND B N, DUDIK R P, DUGAN Z. The Joint Milli – Arcsecond Pathfinder Survey (JMAPS):Mission Overview and Attitude Sensing Applications[J]. arXiv preprint arXiv:0904.4516,2009.

[16] 田永明. 星敏感器消杂光技术研究[D]. 哈尔滨:哈尔滨工业大学,2005.

[17] 王丹艺. TMA 空间遥感相机消杂光技术研究[D]. 长春:长春理工大学,2014.

[18] 石栋梁,肖琴,练敏隆. "高分四号"卫星相机杂散光分析与抑制技术研究[J]. 航天返回与遥感,2016,37(5):49 – 57.

[19] 肖昊苏,张运强,范志刚,等. 偏振干涉法测量晶体应力双折射精度分析[J]. 红外与激光工程,2011,40(2):271 – 276.

[20] 徐晓婷. 星载电子设备辐照防护关键技术研究[D]. 西安:西安电子科技大学,2007.

[21] JIA Hui, YANG JianKun, LI XiuJian, et al. Systematic error analysis and compensation for high accuracy star centroid estimation of star tracker[J]. Science China,2010,53(11):3145 – 3152.

[22] KLIONER S A. A practical relativistic model for microarcsecond astrometry in space[J]. The Astronomical Journal,2003,125(3):1580.

[23] 李瑞琦. Kapton/Al 二次表面镜带电粒子辐照损伤效应及机理[D]. 哈尔滨:哈尔滨工业大学,2007.

[24] 季家兴,王新龙. 载体运动对星敏感器星点光斑定位的影响分析[J]. 青岛科技大学学报(自然科学版),2010,31(2):194 – 200.

[25] 王芳. 光学遥感成像误差建模与图像质量提升方法[D]. 长沙:国防科学技术大学,2014.

[26] 张胜涛. 高超声速飞行器多物理场耦合问题建模与分析研究[D]. 上海:上海交通大学,2016.

[27] 范亮. 大型星载 SAR 天线多场耦合分析及高稳定度指标分配[D]. 哈尔滨:哈尔滨工业大学,2017.

第 3 章
空间高精度指向参考基准构建

3.1 现行参考基准

对于当前的指向测量技术,惯性空间中高精度的空间参考基准是遥远的自然天体,如恒星、类星体等。通常情况下,测量仪器以自然天体为参考,测量并解算空间指向。因此,自然天体是空间高精度测量仪器的参考基准,在空间高精度测量仪器上的表现形式为导航星表。而在地面上,一般通过物理的方法模拟以构建参考基准,即地面星场模拟。

天文参考基准是理论上定义的参考系的实现,建立天文参考坐标系通常需要依据天文导航星表。空间指向测量仪器以天体目标为参考基准,一般以恒星为姿态参考源,星表中记载了天体的位置、星等和光谱型等信息,根据天文星表进行导航星表的编制,构建空间指向测量仪器参考基准。

导航星库装载在卫星上的空间高精度测量仪器的存储器中,用于与测量得到的观测星图比对查找,给出观测星的相关信息。导航星库的精度依赖于选取的标准星表,与星图识别算法的实现关系紧密。在建立导航星库前,根据现有的资料以及星敏感器的测量精度等要求,合理选用标准星表。

3.1.1 天文参考基准

1. 坐标系

1991 年,国际天文学联合会天文参考系、时间尺度等模型和决议做了一系列修正,以适应不断提高的测量精度及其高精度理论和实际工作的要求。主要变动为:天球参考系从之前与历元有关的动力学参考系变为与历元无关的运动学参考系,从参考系的恒星实现到河外射电源实现,从春分点到无旋转原点以及岁差章动模型的改进。本书中与天球相关的坐标系均采用 IAU 所推荐的定义。

1) 赤道坐标系

赤道坐标系(ECS)是一种天球坐标系,过天球中心与地球赤道面平行的平面称为天球赤道面,它与天球相交而成的大圆称为天赤道。赤道面是赤道坐标系的基本平面。天赤道的几何极称为天极,与地球北极相对的天极即为北天极,是赤道坐标系的极。经过天极的任何大圆称为赤经圈或时圈;与天赤道平行的小圆称为赤纬圈。作天球上一点的赤经圈,从天赤道起沿此赤经圈量度至该点的大圆弧长为纬向坐标,称为赤纬。赤纬从 0° 到 ±90° 计量,赤道以北为正、以南为负。赤纬的余角称为极距,从北天极起,从 0° 到 180° 计量。

2) 国际天球参考系

国际天球参考系(ICRS)在运动学上相对于遥远河外天体不转动,原点为太阳系质心,基本面和经度起点由参考历元 J2000.0 的平赤道和平春分点定义,第一轴(x 轴)指向该时刻平春分点,第二轴(y 轴)与第一轴垂直且处在平赤道面内,构成右手坐标系。对于太阳系内的运动学或力学问题,人们通常将此坐标系当作惯性系来使用。星表中的遥远天体、太阳系天体的动力学历表位置一般在此坐标系中描述。

3) 地心地固坐标系

地心地固坐标系(ECEF)是一种以地心为原点的地固坐标系,也称为地球坐标系,是一种笛卡儿坐标系。原点 O 为地球质心,z 轴与地轴平行指向北极点,x 轴指向本初子午线与赤道的交点,y 轴垂直于 xOz 平面,即东经 90° 与赤道的交点,构成右手坐标系。

4) 星敏感器坐标系

星敏感器坐标系固连于星敏感器上,并与星敏感器一同运动。星敏感器坐标系的坐标原点在探测器面阵的中心,x 轴和 y 轴分别平行于探测器的行和列,与 z 轴构成右手坐标系。

2. 时间系统

时间系统主要是以地球公转为基准和以原子振荡为基准的时间系统。

1) 恒星时

恒星时以地球自转为基础,它是由春分点的周日视运动确定的时间计量系统。春分点连续两次通过某观测地子午圈的时间间隔,称为恒星日。春分点相对于某观测地的当地子午圈的时角称为该地的地方恒星时。一个恒星日分为 24 个恒星时,一个恒星时分为 60 个恒星分,一个恒星分分为 60 个恒星秒。

真春分点是指随岁差和章动移动的春分点,相应于真春分点的恒星时称为真恒星时。只随岁差移动的春分点称为平春分点,相应于平春分点的恒星时称为平恒星时。

2) 世界时

世界时(UT)即格林尼治地方时。世界时和恒星时不是相互独立的时间系统,从 1956 年起,国际上把世界时分为 3 种:通过天文观测直接测定的世界时记为 UT0;加以地极位移引起子午圈变位修正得到的世界时记为 UT1;再用经验公式外推得到的地球自转速度变化的影响加以修正得到的较均匀世界时记为 UT2。

3) 儒略日和约化儒略日

儒略日(JD)是一种不用年和月的记日法,它是以公元前 4713 年 1 月 1 日世界时 12h 为起算点的积累日数,对求两个事件之间相隔日数是非常方便的。但是由于位数太多和起点为正午 12h,与通常的 0h 作为起始点相差 12h,因此定义约化儒略日(MJD),即

$$MJD - JD = 2400000.5 \qquad (3-1)$$

4) 原子时和世界协调时

由于原子内部运动稳定性比地球自转高得多,每种元素的原子都有电子在一定的轨道上绕原子核旋转,电子从一个轨道跃迁到另一个轨道上会放出或吸收具有一定振荡频率的电磁波。对某种元素的原子,它的电子在两条确定的轨道之间跃迁时,放出的电磁波的振荡频率总是一定的。用这种振荡频率建立起来的时间标准,称为原子时(IAT)。1967 年 10 月第十三届国际计量大会决定采用原子秒作为时间的基本单位。以铯原子基态的两个超精细能级间在零磁场下跃迁辐射 9192631770 周所经历的时间为 1s,取 1958 年 1 月 1 日 0h 的世界时为起点。在初始历元时刻,原子时和世界时非常接近。1976 年第十六届国际天文学联合会决议,从 1984 年起天文计算和历表上所用的时间单位都是以原子时秒为基础。

3.1.2 天文星表

国际上常用的标准星表有依巴谷星表、第谷 2 星表(Tycho-2)、史密斯星表(SAO)等。第谷 2 星表收录了 250 多万颗恒星;史密斯星表给出了星等低于 11 的 258997 颗恒星。盖亚(GAIA)星表是迄今为止最详细的星表,包含近 17 亿颗恒星的亮度和位置数据。

1. 依巴谷星表

依巴谷星表是欧洲航天局依巴谷天体测量卫星计划的主要成果。依巴谷卫星由欧洲航天局于 1989 年 8 月发射升空,用以测量恒星视差和自行。依巴谷星表以国际天球参考系为参考坐标系[1],参考历元是 J1991.25,由欧洲航天局负责编制完成,包含 118218 颗恒星,其中 11597 颗星确定或可能是变星。依巴谷

星表的主要观测数据包括恒星的位置、视差和自行。对每颗恒星在不同历元都进行多次观测,得到的结果较为精确。

2. 第谷 2 星表

第谷 2 星表是由欧洲航天局 1989 年发射的轨道天文台卫星的观测数据而编制的星表,覆盖了所有天区,保存了约 250 万颗恒星的位置、亮度、平赤经、平赤纬等信息,收录了角分辨率大于 0.8″的双星,自行的精度高达 0.0025″/a[2-3]。在第谷 2 星表中,恒星的星等不大于 14 等。第谷 2 星表综合了欧洲航天局的依巴谷星表和 143 种地面观测星表,由 4 个数据文件组成,包括主星表数据文件、增补 1 数据文件、增补 2 数据文件和索引数据文件。主星表数据文件包含 2539913 颗星信息,增补 1 数据文件包含 17588 颗星信息,增补 2 数据文件包含 1146 颗星信息,索引数据文件包含 9538 条记录,是星表数据文件和增补 1 数据文件的索引文件,均在国际天球参考系中进行计算。

(1)主星表数据文件。第谷 2 星表具有较高的精度,恒星位置误差精度达到角秒级别。它给出了恒星在历元 J2000.0 的平均位置和恒星在历元 J1991.5 的观测位置,平均位置值是考虑了自行运动的加权平均值。在星表历元时刻为 J2000.0 时,任意时刻 t 历元的平均位置可以通过下式计算得到,即

$$\begin{cases} \alpha_t = \alpha + \dfrac{\mu_\alpha t}{\cos\delta} \\ \delta_t = \delta + \mu_\delta t \end{cases} \quad (3-2)$$

式中:α、δ 为历元 J2000.0 下的平均位置,即赤经与赤纬,单位为度;μ_α、μ_δ 为在国际天球参考系、历元 J2000.0 下光年的变化量;t 为任意时刻相对基准时刻 2000.0 的时间差,基准时刻为 2000 年 1 月 1 日 0 点。

(2)增补数据文件。第谷 2 星表数据文件中去掉了依巴谷星表和第谷 1 星表中许多较亮的星,如星等幅值低于 1.9 的星,但是将它们加入增补数据文件中供用户使用。

(3)索引文件。星表是根据导星星表(guide star catalog,GSC)区域进行排序分类的,共分为 9537 个 GSC 区域,索引文件能够帮助有效、快速地查找这些恒星。

3. 史密斯星表

史密斯星表由史密斯天文台在 1966 年为满足用照相确定人造卫星位置的要求编制的,共包含 258997 颗恒星,星的星等低于 11 等,史密斯星表给出 J2000.0 和 B1950 历元恒星的赤经、赤纬、自行和光谱型等参数信息。位置精度可以达 10.8,但星等精度仅为 0.1。其中未给出星等的恒星有 1423 颗,双星有

8694 颗,变星有 307 颗,另有 53 颗星的数据重复。为区分方便,将剩余的 248520 颗称为普通星[38]。史密斯星表作为一种综合性星表,数据量比较大,按照恒星编号的升序进行排列,从赤纬(80°,90°)处开始,每 10°,每段均与相应的赤经对应。

4. 美国海军天文台星表

美国海军天文台星表是美国海军天文台出版的一份星表,其中美国海军天文台 B1.0 星表(United States Naval Observatory B1.0,USNO B1.0)是总计 50 多年来由施密特望远镜拍摄的 7435 张干版、3643201733 位不同观测者的记录,包含了 10 亿多颗星的位置、星等、自行等数据,极限星等为 21 等,采用 J2000.0 历元,位置精度达到 0.2″,在 5 个波段的测光精度达到 0.3 等,区分恒星和非恒星达到 85% 的准确率[4]。

5. 盖亚星表

1993 年,依巴谷卫星任务刚落幕,欧洲航天局就提出了一个新的天体测量卫星任务,称为盖亚。2013 年 12 月盖亚卫星由"联盟"号火箭发射至一个环绕 L2 拉格朗日点的利萨如轨道上,L2 拉格朗日点是日地之间的一个平动点,距离地球 150×10^4 km。完成为期 5 年的观测任务。盖亚项目最主要的目的是以前所未有的精度观测 10 亿左右的银河系天体的空间与速度数据,并以此研究银河系的起源及演化等问题。在 2016 年,公布了第一批盖亚数据,提供了 10 亿多颗卫星的位置和测光数据,但其中只有 200 万颗星有自行数据。2018 年 4 月 25 日,欧洲航天局发布了第二批盖亚数据,这是迄今为止最为详细的星表,包含近 17 亿颗恒星的亮度和位置数据,以及超过 13 亿颗恒星的视差、自行和颜色,并包含了超过 700 颗恒星的径向速度、超过 1 亿颗恒星的表面温度、超过 50 万个变源、10499 个已知的太阳系天体,其中大多数为小行星;2020 年,盖亚第三批 PR3 的数据已发布。

当前角秒级的空间指向测量仪器,其星表的导航星位置均采用 J2000 惯性参考系下的位置,这个参考系与 BCRS 存在固定的指向偏差,量级约 20×10^{-3} (″),星敏感器通常忽略此偏差。在指向测量模型中,可通过恒量自行误差修正,建立相应的参考基准。

几种星表的基本信息对比如表 3-1 所列。

表 3-1 几种典型星表的基本信息对比

星表	星等上限/Mv	恒星数/个	历元
依巴谷星表	12.4	118218	J1991.25
第谷 2 星表	14.0	约 2500000	J2000.0/J1991.5

续表

星表	星等上限/Mv	恒星数/个	历元
史密斯星表	11	258997	J2000.0
美国海军天文台 B1.0 星表	21	约 1000000000	J2000.0
盖亚星表 DR2	21	1692919135	J2016.0

3.2 相对论框架下参考基准模型

在现行参考基准下,仅考虑了恒星自行对参考基准的影响,此时星表的精度不足以满足高精度空间指向测量的需求,因此在构建参考基准时,还需要考虑其他天文效应对指向测量的影响,包括引力偏折、光行差和视差等。

3.2.1 引力偏折修正

应用于航天器的空间指向测量仪器的引力偏折影响主要来自太阳系内的大质量天体,因此主要对太阳系内八大行星、月球等大质量天体的引力偏折效应的影响进行修正。

设 $x_o(t_o)$ 为在观测时刻 t_o 的观察者的坐标,而 $x_s(t_e)$ 为在 $x_o(t_o)$ 观测到的 t_e 时刻信号发射时目标的位置。发射时刻 t_e 被视为观测时刻 t_o 的函数。

在表 2-2 中,给出了以微角秒为单位的光传播中的各种引力效应:δ_{pN} 是由于每个物体的球对称场而引起的后牛顿效应,δ_Q 是由四极引力场引起的效应,δ_R 和 δ_T 分别是由物体的旋转和平移运动引起的重力磁场的影响。

对地球和月球给出了两个估计,即地球静止轨道卫星和近地轨道卫星,有

$$\begin{cases} \boldsymbol{R} = \boldsymbol{x}_o(t_o) - \boldsymbol{x}_s(t_e) \\ \boldsymbol{k}(t_o) = \dfrac{\boldsymbol{R}}{|\boldsymbol{R}|} \end{cases} \quad (3-3)$$

很容易看出,向量 $\boldsymbol{k}$ 与 $\boldsymbol{\sigma}$ 相关,有

$$\boldsymbol{\sigma} = \boldsymbol{k} + \frac{1}{|\boldsymbol{R}|}\boldsymbol{k} + (\Delta \boldsymbol{x}_p(t_e) \cdot \boldsymbol{k}) + O(c^{-4}) \quad (3-4)$$

$$\boldsymbol{n} = \boldsymbol{\sigma} + \frac{1}{c}\boldsymbol{\sigma} \times (\dot{\boldsymbol{x}}_p(t_o) \cdot \boldsymbol{\sigma}) \quad (3-5)$$

在太阳系的情况下,式(3-3)与式(3-4)组合,可得到

$$n = k + \delta k_{pN} + \delta k_Q \tag{3-6}$$

$$\delta k_{pN} = k \cdot \left(\left(\frac{1}{|\mathbf{R}|} \Delta_{pN} \mathbf{x}_p(t_e) + \frac{1}{c} \Delta_{pN} \dot{\mathbf{x}}_p(t_0) \right) \cdot k \right) \tag{3-7}$$

$$\delta k_Q = k \cdot \left(\left(\frac{1}{|\mathbf{R}|} \Delta_Q \mathbf{x}_p(t_e) + \frac{1}{c} \Delta_Q \dot{\mathbf{x}}_p(t_0) \right) \cdot k \right) \tag{3-8}$$

因此,有

$$\delta k_{pN} = -\sum_A \frac{(1+\gamma)GM_A}{c^2} \frac{\mathbf{R} \cdot (\mathbf{r}_{eA} \cdot \mathbf{r}_{oA})}{|\mathbf{R}||\mathbf{r}_{oA}|(|\mathbf{r}_{eA}||\mathbf{r}_{oA}| + \mathbf{r}_{oA}\mathbf{r}_{eA})} \tag{3-9}$$

$$\mathbf{r}_{eA} = \mathbf{x}_s(t_e) - \mathbf{x}_A \tag{3-10}$$

由于 δk_{pN},向量 k 和 n 之间的角度可以计算为

$$\frac{(1+\gamma)GM_A}{c^2|\mathbf{r}_{oA}|} \tan\phi \tag{3-11}$$

式中:ϕ 为向量 $\mathbf{r}_{eA}$ 和 $\mathbf{r}_{oA}$ 之间的角度。式(3-11)所示角度取决于引力体和观测点之间的位置,而不取决于恒星与引力体之间的位置。

对位于太阳系中的物体,矢量 k 可以从几个不同的时刻观察到的方向 s 计算得出,以便确定该物体的轨道。因此,向量 k 是太阳系天体模型的最终结果。

3.2.2 光行差修正

卫星绕地球的轨道运动与地球绕太阳系质心的运动在计算光行差上是等价的。在只考虑光行差1阶效应的情况下,地球公转引起的周年光行差的相关公式为

$$r_3 = r_2 + \Delta r_3 = r_2 + \frac{-1}{c} r_2 \cdot (r_2 \cdot R_\oplus) \tag{3-12}$$

在只考虑光行差1阶效应的情况下,卫星轨道运动的光行差公式为

$$r_4 = r_3 + \Delta r_4 = r_3 + \frac{-1}{c} r_3 \cdot (r_3 \cdot V_s) \tag{3-13}$$

在考虑光行差3阶效应的情况下,相关公式为

$$r_4 = r_3 + \Delta r_4$$

$$= r_3 + \frac{-1}{c} r_3 \cdot (r_3 \cdot V_s) + \frac{-1}{c^2} [(r_3 \cdot V_s) \cdot r_3 \cdot (r_3 \cdot V_s) - 0.5(r_3 \cdot V_s)]$$

$$+ \frac{-1}{c^3} \{ [(r_3 \cdot V_s)^2 - (1+\gamma)wV_s] \cdot r_3 \cdot (r_3 \cdot V_s) - 0.5(r_3 \cdot V_s)V_s(r_3 \cdot V_s) \}$$

(3-14)

式中:c 为光速;V_s 为星敏感器所在卫星相对于 GCRS 的瞬时运动速度矢量,需要卫星测控系统提供卫星的速度数据。

卫星绕其自转轴的角速度使得观测仪器有相应的线速度,该线速度会带来光行差效应。考虑卫星的自转角速度为 w_{spin},空间指向测量仪器离自转轴的距离为 r_{spin},那么其线速度为 $v_{spin} = w_{spin} \cdot r_{spin}$。考虑该速度带来的光行差效应:1 阶效应估算为 $|v_{spin}|/c$,对于要求精度为 0.00002″的导航星表,假设空间指向测量仪器离自转轴的距离 $r_{spin} = 5m$,那么所要求的角速度小于 0.006rad/s,对应自转周期为 1080s。即卫星自转周期小于 1080s 时,需要考虑该项带来的光行差效应。

3.2.3 视差修正

由于地球绕太阳的周年运动,从地心处看恒星和从太阳系质心处看恒星的方向不同,其差值称为周年视差,恒星的周年视差都小于 1″,多数只有百分之几角秒,目前星敏感器测定的恒星视差只能准确到 0.01″,而绝大多数恒星的周年视差小于此值,可以忽略不计。

恒星周年光行差的改正比较简单,若仅考虑 1 阶改正,则

$$r_2 = r_1 + \Delta r_2 = r_1 - \pi R_\oplus$$

(3-15)

式中:π 为天体的视差角;$R_\oplus$ 为地球质心相对于太阳系质心的坐标矢量。

3.3 仪器用导航星表编制

导航星表中记载了导航星位置、导航模板特征等信息,是星敏感器进行恒星识别和姿态确定的依据和数据源头。导航星的数量和分布直接影响星敏感器的数据存储量、识别速度和可靠性以及姿态确定精度,因此,构建合理的导航星表是星敏感器产品研制的重要工作。

导航星表的编制流程如图 3-1 所示。在下面的内容中将分别介绍导航星

表开发的重要步骤:原始星表选取与确认、仪器星等计算、密集星场处理以及导航星表的验证。

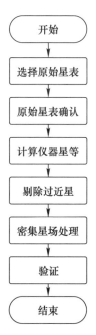

图 3-1 导航星表的编制流程

3.3.1 原始星表的选择与确认

目前常用的天文星表是依巴谷星表,随着盖亚星表的成熟及产品精度的提升,高精度的产品可能需要融合多个星表的信息。原始星表的选择要依据产品的观测能力和产品拟达到的精度。

1. 原始星表预处理

在筛选导航星之前,先对提取的恒星进行预处理,包括以下内容。

(1)剔除过亮或过暗的导航星。过亮的恒星会造成星点饱和,无法保证提取精度,过暗的恒星无法提取出来或提取误差大,因此都需要剔除。

(2)剔除变星。由于变星的亮度不固定,因此要剔除变星。

(3)剔除双星。双星是两颗星等相近、恒星位置重叠在一起的两颗星。双星对姿态计算引起的误差较大,故需要剔除。

(4)剔除过近恒星。相邻太近的任意两颗星,会影响姿态计算的精度,而且容易引起星图的歧义匹配,因此在挑选导航星时要剔除。

(5) 剔除自行较大的恒星。自行较大的恒星，在空间的位置变化较大，会造成星图误识别。

(6) 剔除视差大的恒星。视差大的恒星，可能造成误识别，因此需要剔除。

2. 星表数据融合

星表数据融合是本部分工作的重点，由于所选取的天文星表信息类型、精度、极限星等、完备性等均有所不同，需要进行数据融合分析才能形成符合要求的星表数据库。天文星表融合的核心步骤是交叉证认计算。交叉证认是指将来自不同星表的来源，根据其某些属性，如位置、星名、星等的相关性，相互联系起来。

3.3.2 仪器星等计算与验证

星等是星体亮度的表征，星体的亮度是以在地球大气层外接收到的恒星辐照度来度量，恒星越亮，辐照度越大，星等越小。如果恒星辐照度差 100 倍，则其星等差 5 等；如果恒星的星等相差 1 等，则其辐照度相差约 2.51 倍。

辐照度是单位面积、单位时间接收到的总辐射能，是不依赖于接收器光谱特性的量，但是在实际测量中，受到接收器光谱响应度的影响，不同的接收器测得的同一恒星的星等是不同的。根据接收器的不同，星等可以分为视星等、仪器星等及热星等。视星等是以人眼为感光灵敏度曲线折算的星等。仪器星等是按接收器的感光灵敏度曲线折算的星等。热星等是用光谱特性为全光谱的接收器测得的星等，以恒星到达地球大气层外的全谱辐射衡量的。

1. 恒星的光谱型

光谱型是恒星的温度分类系统，恒星的光谱按其最大辐射波长的递升顺序分为 O、B、A、F、G、K、M 等 7 个类型。每个光谱都可进一步分为数字亚型，范围为 0～9，更高的数字表示更低能的光谱和更红的颜色。在数字后面加上罗马数字或字母表示恒星演化阶段，如太阳光谱型为 G2V。O 表示特超巨星，Ia 和 Ib 表示超巨星，II 表示亮巨星，III 表示巨星，IV 表示亚巨星，V 表示主序星（或称为矮星），VI 表示亚矮星，VII 表示白矮星。每个型又分为 0～9 共 10 个次型，如表 3-2 所列。

表 3-2 恒星光谱

光谱型	色温/K	最大辐射波长/μm
O0～O9	40000～25500	0.072～0.114
B0～B9	25000～12000	0.116～0.242
A0～A9	11500～7700	0.252～0.376

续表

光谱型	色温/K	最大辐射波长/μm
F0 ~ F9	7610 ~ 6100	0.381 ~ 0.475
G0 ~ G9	6000 ~ 5000	0.483 ~ 0.580
K0 ~ K9	4900 ~ 3700	0.591 ~ 0.783
M0 ~ M9	3600 ~ 2600	0.850 ~ 1.115

有效温度和色温是恒星的两种温标。一个黑体在整个光谱(包括红外及可见光)范围内具有与所观测星几乎相等的光谱分布时,它的温度称为该观测星的有效温度。一个黑体在可见光范围内具有与所观测星相同的光谱时,它的温度称为该观测星的色温。一定的有效温度或色温对应于一定的恒星最大辐射波长,属于某个特定的光谱型,如表3-3所列。

为了便于分析恒星的各种特性,天文观测学又对恒星按不同的波段测定其辐射情况得到波段星等,常用的是五色测光系统(UBVRI)。U(ultraviolet)表示紫外波段;B(blue)表示蓝光波段;V(visual)表示可见波段,此波段测光系统的光敏响应度和人眼相似,所以其所测得的星等也称为视星等;R(red)与I(infrared)分别表示红光和近红外波段。在本书中以UBVRI表示相应的波段或波段测光器,以m_U、m_B、m_V、m_R、m_I表示对应波段的星等。UBVRI测光系统光谱响应曲线见图3-2。

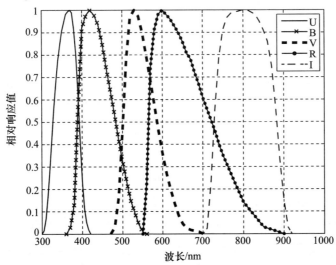

图3-2 UBVRI 测光系统

2. 星敏感器用仪器星等定义

仪器星等计算的不准确可能会造成导航星捕获失败、恒星误识别,甚至产生较大的导航误差。单位时间内,星光在探测器上引起的输出响应的幅度是探测器光谱响应特性曲线与星光光谱亮度曲线卷积的结果,即

$$E_j = \int_{\lambda 1}^{\lambda 2} f_j(\lambda, T) S(\lambda) \mathrm{d}\lambda \quad (3-16)$$

式中:$f_j(\lambda, T)$ 为大气层外第 j 种光谱型恒星的光谱照度;$S(\lambda)$ 为探测器光谱响应特性;λ_1、λ_2 为仪器的截止波长。

同样的星光在光谱响应特性不同的探测器上引起的响应是不同的;不同光谱特性的星光在光谱响应特性不同的探测器上引起的响应往往差异更大。考虑到当前星敏感器所用的成像器件 CCD 是以产生的光电子数来计量的,而不是以接收到的辐射能量为响应计算的,则其星等计算公式可由式(3-1)改为

$$m_D = -2.5\lg \int_0^\infty f(\lambda) T_0(\lambda) QE(\lambda) \lambda \mathrm{d}\lambda - 2.5\lg \int_0^\infty f_{\mathrm{ref}}(\lambda) T_0(\lambda) QE(\lambda) \lambda \mathrm{d}\lambda$$

$$(3-17)$$

式中:λ 为波长(μm);$f(\lambda)$ 为光源的光谱辐照度;$T_0(\lambda)$ 为光学系统的透过率;$f_{\mathrm{ref}}(\lambda)$ 为基准星 A_0 的光谱辐照度,被认为是 0 等星。

3. 星敏感器用仪器星等计算方法

目前已经提出了许多星敏感器仪器星等的计算方法[5-9]。这些方法可以归纳为 3 类:一是基于色指数的仪器星等计算方法;二是基于恒星光谱型的计算方法;三是基于合成光度学的仪器星等计算方法。

1) 基于色指数的仪器星等计算方法

文献[10]最早使用色指数方法计算仪器星等,利用 Johnson/Mitchell 光谱辐照数据集拟合出可见光星等色指数和蓝光星等色指数之间的关系。通过查找恒星在 SKYMAP 中的可见光星等和蓝光星等,得到仪器星等的计算公式,即

$$m_D = m_V + R(BV) \quad (3-18)$$

式中:R 为 4 阶多项式函数。

文献[11]在文献[10]的基础上,不考虑大气消光影响,将式(3-2)在波长 λ_0 处按泰勒级数展开,推导出对于给定的接收器,在任意两个波段内的星等差,即色指数,只与恒星的有效温度有关。对同一颗恒星,其有效温度是确定的,对另外两组不同的波段星等色指数 C',可得

$$C' = KC + c_0 \quad (3-19)$$

式中：C 和 C' 分别为两组不同波段的星等色指数；K 为比例系数；c_0 为常数项。

星敏感器的光谱响应可由其所用器件情况或试验测定得出，B 和 V 波段的光谱响应及其对应星等 m_B、m_V 可查星表得到。由式(3-19)可得出仪器星等 $m_D - m_V$ 与 $m_B - m_V$ 成线性关系，从而可以由 B 和 V 波段的星等来拟合出星敏感器用的仪器星等。

拟合系数可通过以下过程得出：首先确定星敏感器的参数后，恒星能量辐射情况采用 Johnson/Mitchell 数据集得到。其中给出 1038 个亮星的 13 个波段的数据情况，去掉不适合做样本数据的恒星，如变星、双星及数据不全的星，可以得到 995 个恒星的数据情况，对此 995 个恒星，用式(3-18)得出仪器星等、B 波段、V 波段、R 波段及 I 波段的星等值 m_D、m_B、m_V、m_R 和 m_I。由前所述，恒星仪器星等与视星等的色指数 $m_D - m_V$ 与 $m_B - m_V$ 成一次线性关系，采用最小二乘法辨识线性方程系数，所得结果为

$$m_D - m_V = -0.694(m_B - m_V) + 0.0178 \quad (3-20)$$

$$m_D - m_V = -1.31(m_R - m_I) + 0.07 \quad (3-21)$$

此时拟合仪器星等与计算仪器星等的比较如图 3-3 和图 3-4 所示。从图中可以看出，B-V 色指数在 0~1.3 区间时，$m_D - m_V$ 与 $m_B - m_V$ 有较好的线性关系；当 B-V 色指数大于 1.4 时，用 R-I 波段星与其进行拟合；对 B-V 小于 0 的部分采用 U-V 波段星与色指数进行拟合。

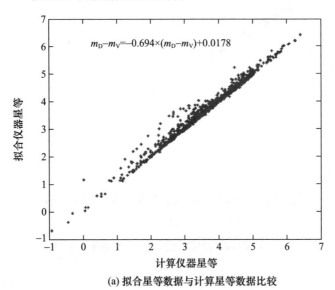

(a) 拟合星等数据与计算星等数据比较

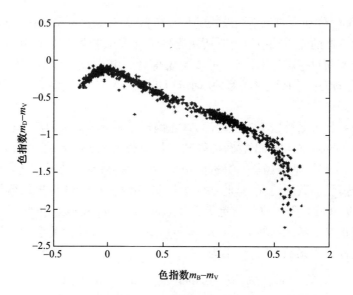

(b) 仪器星等视星等之差m_D-m_V与色指数m_B-m_V关系

图 3-3 使用色指数 $m_D - m_V$

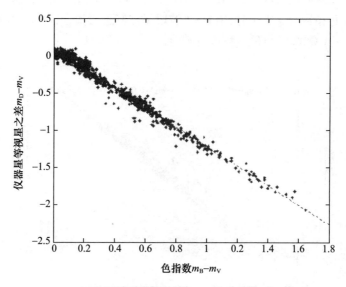

(a) 仪器星等视星等之差m_D-m_V与色指数m_B-m_V关系

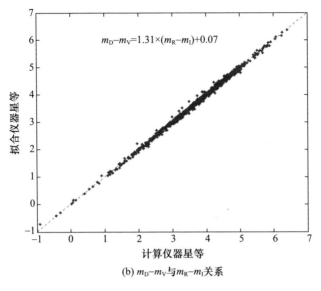

(b) m_D-m_V 与 m_R-m_I 关系

图 3-4 使用色指数 $m_R - m_I$

经计算,两者拟合所得星等与 13 波段数据计算所得仪器星等比较所得误差数据对比见表 3-3。

表 3-3 用 $m_B - m_V$ 与 $m_R - m_I$ 拟合的仪器星等与计算仪器星等统计数据对比

波段	最大误差	误差均值	标准差
R - I	0.27	-0.004	0.06
B - V	0.98	0.02	0.15

2) 基于恒星光谱型的仪器星等计算方法

目前天文星表中给出恒星的视星等,测量视星等所用探测器(简称 V 探测器)的光谱响应特性曲线如图 3-5 所示,图中对比了探测器的光谱响应特性曲线与 standard Johnson 视星等曲线,可以看到二者光谱响应特性差别很大。

星光在 V 探测器上引起的输出为

$$\int_0^\infty S_V(\lambda) \cdot M_{star}(\lambda) d\lambda = R_{star}^V \qquad (3-22)$$

式中:V 探测器灵敏度特性曲线 $S_V(\lambda)$ 可以表示为无量纲的相对灵敏度 $S_V'(\lambda)$ 和有量纲的绝对灵敏度系数 η_V 的乘积,即

$$S_V(\lambda) = \eta_V \cdot S_V'(\lambda) \qquad (3-23)$$

可改写为

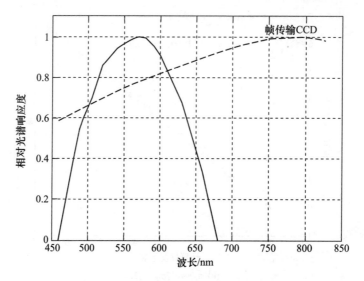

图 3 – 5 不同光电器件光谱响应特性比较

$$\eta_{\text{V}} \cdot \int_0^\infty S'_{\text{V}}(\lambda) \cdot M_{\text{star}}(\lambda) \mathrm{d}\lambda = R^{\text{V}}_{\text{star}} \qquad (3-24)$$

同理,星光在星敏感器成像器件上引起的输出响应为

$$R^{\text{sensor}}_{\text{star}} = \eta_{\text{sensor}} \cdot \int_{\lambda_0}^{\lambda_t} S'_{\text{sensor}}(\lambda) \cdot M_{\text{star}}(\lambda) \mathrm{d}\lambda \qquad (3-25)$$

对于第 j 种光谱型的星,其从视星等到仪器星等的转换值为

$$\begin{aligned}
\mathrm{d}M_j &= -2.5 \cdot \lg \frac{R^{\text{sensor}}_{\text{star}}}{R^{\text{V}}_{\text{star}}} \\
&= -2.5 \cdot \left(\lg \frac{\int_{\lambda_0}^{\lambda_t} S'_{\text{sensor}}(\lambda) \cdot M^j_{\text{star}}(\lambda) \mathrm{d}\lambda}{\int_{\lambda_0}^{\lambda_1} S'_{\text{V}}(\lambda) \cdot M^j_{\text{star}}(\lambda) \mathrm{d}\lambda} + \lg \eta_{\text{star}} - \lg \eta_{\text{V}} \right)
\end{aligned} \qquad (3-26)$$

显然有

$$\mathrm{d}M_k - \mathrm{d}M_j = -2.5 \cdot \left(\lg \frac{\int_{\lambda_0}^{\lambda_t} S'_{\text{sensor}}(\lambda) \cdot M^k_{\text{star}}(\lambda) \mathrm{d}\lambda}{\int_{\lambda_0}^{\lambda_1} S'_{\text{V}}(\lambda) \cdot M^k_{\text{star}}(\lambda) \mathrm{d}\lambda} - \lg \frac{\int_{\lambda_0}^{\lambda_t} S'_{\text{sensor}}(\lambda) \cdot M^j_{\text{star}}(\lambda) \mathrm{d}\lambda}{\int_{\lambda_0}^{\lambda_1} S'_{\text{V}}(\lambda) \cdot M^j_{\text{star}}(\lambda) \mathrm{d}\lambda} \right)$$

$$(3-27)$$

为简单起见,不妨以第 j 种光谱型恒星的转换为基准,即令 $\mathrm{d}M_j = 0$,于是有

$$\mathrm{d}M_k = -2.5 \cdot \left(\lg \frac{\int_{\lambda_0}^{\lambda_t} S'_{\mathrm{sensor}}(\lambda) \cdot M_{\mathrm{star}}^k(\lambda)\mathrm{d}\lambda}{\int_{\lambda_0}^{\lambda_1} S'_{\mathrm{V}}(\lambda) \cdot M_{\mathrm{star}}^k(\lambda)\mathrm{d}\lambda} - \lg \frac{\int_{\lambda_0}^{\lambda_t} S'_{\mathrm{sensor}}(\lambda) \cdot M_{\mathrm{star}}^j(\lambda)\mathrm{d}\lambda}{\int_{\lambda_0}^{\lambda_1} S'_{\mathrm{V}}(\lambda) \cdot M_{\mathrm{star}}^j(\lambda)\mathrm{d}\lambda} \right)$$

(3-28)

在考虑星敏感器光学系统光谱透过率后，以 O0 型为基准，得到仪器星等转换曲线如图 3-6 所示。

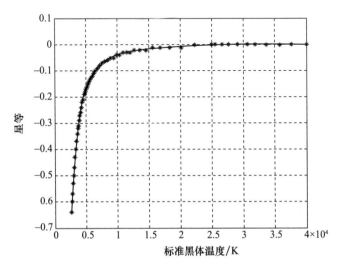

图 3-6　星敏感器仪器星等转换曲线

3) 基于合成光度学的仪器星等计算方法

迄今为止已经提出了许多基于色指数的星敏感器用仪器星等计算方法。这些算法通常假设色指数间存在线性、二次甚至高阶拟合关系。事实上，这种假设存在一定的局限性：这种依赖关系可能只存在于某个波段；光学数据的缺失，致使拟合方法不通用；仪器星等的计算本是积分运算，拟合方法丢弃高阶项会产生误差。

文献[12]认为，合成光度是指通过大气模型的光照度或观测到的辐照度与标准带宽卷积得到的星等或颜色。

合成光度的计算式为

$$\begin{aligned} N_{\mathrm{photons}} &= \int \left(\frac{f(\lambda)}{h\nu} \right) R_X(\lambda) \mathrm{d}\lambda \\ &= \int \left(\frac{\lambda f(\lambda)}{hc} \right) R_X(\lambda) \mathrm{d}\lambda \\ &= \frac{1}{hc} \int f(\lambda) [\lambda R_X(\lambda)] \mathrm{d}\lambda \end{aligned} \quad (3-29)$$

INGS 数据集用于比较观测系统和合成系统。INGS 数据集包含 143 种不同的光谱型,主要来自国际紫外线探测卫星(international ultraviolet explorer, IUE)星表、NGSL 星表和 SpeX/IRTF 星表[13]。IUE 星表覆盖的光谱范围是 1153 ~ 3201Å;NGSL 星表覆盖的光谱范围为 1600 ~ 11000Å;SpeX/IRTF 星表覆盖的光谱范围为 8110 ~ 25000Å。因此,这个数据集可以在宽波段范围内合成光谱数据。每个光谱数据文件包含 4 列,即波长、光谱辐照度、辐照度误差及输入光谱的方差,图 3-7 给出了 INGS 数据集中的一个光谱数据。辐照度误差是所有输入星表中辐照度误差的平均值。

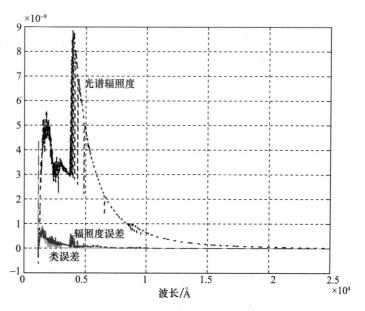

图 3-7　INGS 数据库中 a0V 的光谱数据

4) 方法对比及趋势分析

本章给出了目前常用的 3 类仪器星等计算方法,其中第二种基于恒星光谱型的仪器星等计算方法利用的是天文星表中的视星等,这就极大地限制了仪器星等计算的准确性,导致导航星表中存在假星或缺失星,尤其对于使用红外波段探测器的星敏感器更是致命的,因此仅利用可见波段计算仪器星等的方法使用得越来越少。

为了评价第一种和第三种仪器星等计算方法的性能,使用仪器星等的计算值 $M_{i,e}$ 与真实值 $M_{i,g}$ 的偏差,表示为

$$\varepsilon = M_{i,e} - M_{i,g} \tag{3-30}$$

式(3-30)表明,ε越小,表示估计值和真实值越接近,算法性能越好。采用目前常用的 Johnson/Mitchell 数据集,试验结果如表 3-4 所列。

表 3-4 三种仪器星等计算方法比较结果比较

名称	平均值	方差
B-V	-0.072296	0.46487
I-V	0.05689	0.08433
基于合成光度学的仪器星等计算方法	0.0189	0.0583

使用基于色指数的星敏感器用仪器星等计算方法存在上文所说的局限,这种计算方法准确性有待提高,这也与试验结果相符。相比较而言,基于合成光度学的仪器星等计算方法计算精度高,而且易于实现,伴随着高精度的天文星表及更高精度的恒星光谱数据的出现,其精度会越来越高。

4. 仪器星等验证方法

为了验证仪器星等计算的准确性,可通过在轨遥测数据和外场观星两种不同的方法进行验证。通过研制仪器星等标定设备,产生常见已知光谱特性的模拟恒星,在试验室环境下对产品的仪器星等进行测试,再与理论计算结果进行比对,以建立基本的仪器星等标定公式。然后在外场对以上公式进行修正,修正方法如下。

(1)挑选基础标定恒星。挑选在观星地点易观测,亮度恒定,有窄带光谱数据的恒星作为基础标定恒星。

(2)在观星站对基础标定恒星进行观测,根据观测情况排除大气消光的影响,获得较为准确的实际星等观测数据,或者通过在轨遥测数据,获得导航星的光谱型、能量及仪器星等。

(3)将观测数据分为两部分,第一部分用于拟合,第二部分用于验证。使用第一部分实际观测数据,与计算星等数据进行比对,去除野值,计算标定公式。使用第二部分进行观星数据和标定公式计算结果的比对和误差分析。根据情况对公式进行改进。

(4)完善公式后,扩展标定恒星的数目,对标定精度和误差进行验证。

3.3.3 匀化方法

恒星在天球上的分布是高度不均匀的,某些区域内恒星相当稀少,而另外一些区域恒星又非常稠密。星敏感器的研究实践证明,如果某一区域内的导航星数量过多,星敏感器对该区域进行恒星识别时,不但发生误识别的概率会显著增加,而且会延长处理时间。特别是当两颗导航星距离非常近时,星敏感器发生误识别的概率特别高。因此,对于某些恒星过于稠密的天区,应适当从中删除一些恒星,这就是所谓的剔除密集星场。此外,剔除密集星场还可以降低导航星总数,减小对存储容量的需求。

同时,若某一天区中导航星过于稀少,低于星敏感器进行恒星识别所需的最少星数时,星敏感器也不能正常工作。因此,在完成密集星场剔除的同时,还需防止出现导航星密度过低的情况。

目前已提出了一些较好的星场匀化算法评价标准及密集星场处理方法。

1. 星场匀化算法的评价标准

密集星场处理算法的目的就是使天球中导航星的分布尽量均匀,目前有两种广为接受的性能评价标准。

1) 全天球均匀性判据

全天球均匀性判据就是计算导航星星库的玻尔兹曼熵。所有导航星在惯性坐标系中的方向余弦矢量组成矩阵,即

$$A = \begin{bmatrix} V_{1x} & V_{2x} & V_{3x} & \cdots & V_{ix} & \cdots & V_{nx} \\ V_{1y} & V_{2y} & V_{3y} & \cdots & V_{iy} & \cdots & V_{ny} \\ V_{1z} & V_{2z} & V_{3z} & \cdots & V_{iz} & \cdots & V_{nz} \end{bmatrix} \quad (3-31)$$

式中: n 为导航星总数, V_{ix}、V_{iy}、V_{iz} 分别是第 i 颗导航星的方向余弦矢量在 3 个轴上的分量。令矩阵 $R = (A^T A)/n$ 的特征值为 δ_1、δ_2、δ_3, 玻尔兹曼熵定义为

$$\phi = \sum_{i=1}^{3} \delta_i \ln(3\delta_i) \quad (3-32)$$

该值越小,导航星分布越均匀。当特征值 δ_1、δ_2、δ_3 都等于 1/3 时,那么这 n 颗导航星在全天球均匀分布。

2) 局部天区均匀性判据

通过随机选取光轴指向,统计每个光轴指向视场内的导航星数目,以星数的标准偏差来评价导航星在天球上的局部均匀性,星数的标准偏差定义为

$$std = \sqrt{\frac{\sum_{i}(N_i - \bar{N})^2}{K}} \quad (3-33)$$

式中: N_i 为第 i 个光轴指向视场内的导航星星数; $\bar{N}$ 为视场内的平均星数; K 为随机选取的光轴指向总数。

2. 匀化算法

1) 正交网格法

文献[14]提出了采用正交网格法去除冗余导航星。其主要原理是:将整个天球表面均匀划分为若干个面积相等且互不重叠的区域,逐一检查这些区域,如果一个区域中存在一颗以上的恒星,则仅将其中最亮的一颗存入导航星表,舍弃其余恒星。

具体实现方法:首先从基础天文星表中剔除比产品灵敏度低或距离较近的恒星;然后将整个天球均匀地划分成若干面积相等且互不重叠的区域,将三维问题降维处理,映射方程式为

$$\begin{cases} r_1 = z \\ r_2 = \arctan\left(\dfrac{y}{x}\right) = \arccos\left(\dfrac{y}{r}\right) = \arcsin\left(\dfrac{x}{r}\right) \\ r = |(1-z^2)|^{1/2} \end{cases} \quad (3-34)$$

式中:(x,y,z)是恒星在天球坐标系上的坐标。接着,对变换后的平面矩形利用正交网格法划分成若干互不重叠的正交单元,使所有单元具有相同的面积。理论上如果恒星在天球中均匀分布,则每个小单元包含的导航星是相等的。但是由于恒星在天球中分布不均匀,某些单元里可能有多个导航星,而另一些单元可能没有导航星。最后对于有多个导航星的单元,保留其中最亮的导航星。

采用正交网格法的优点是方法简单。其主要不足在于:不利于解决导航星均匀性问题,极区附近导航星密度与赤道附近导航星密度存在明显差别;不能完全避免将两颗非常接近的恒星都选作导航星情况。

2) 星等加权法

李立宏等[9]提出采用星等加权法组织导航星库。其核心思想是恒星越亮,被星敏感器捕捉到的可能性越大。简要原理是以候选导航星为中心,以某一半径在天球上取一个圆。半径的确定原则是恒星越亮半径越大,恒星越暗半径越小。如果在这个圆中不存在其他导航星,则将该候选导航星添加入导航星表中。星等加权法根据恒星的星等 m 给每颗恒星赋予不同的权值,权值定义为

$$\omega(m) = \begin{cases} 4.0 & m \leqslant 5.0 \\ \dfrac{1500}{e^{1.2m}} & m > 5.0 \end{cases} \quad (3-35)$$

越亮的导航星,星等越低,被赋予的权值越高,被选为导航星的概率越大。在挑选导航星时,假设恒星都位于一个单位球面上,在球面上以候选导航星为圆心,以 $r = 3.14/(180\omega(m))$ 为半径,如果导航星表在该圆内没有其他导航星存

在,则将该候选导航星作为导航星追加到导航星表中。

星等加权法克服了正交网格法的不足,完全消除了将两颗相距很近的恒星都选入导航星表的可能。星等加权法的主要不足在于:①若某一恒星附近存在其他恒星,则这两颗恒星均不能作为导航星,其后果可能使某些天区中导航星过于稀少,从而影响星敏感器恒星识别概率;②当星敏感器需探测的暗星较多时,大多数恒星所涉及的圆半径都是不同的,因此遴选后的导航星表仍然可能出现某些区域恒星稠密,而某些区域中恒星比较稀少的问题;③在筛选中不可避免会出现先被选为候选导航星的恒星被删除,而后被选作候选导航星的恒星被保留下来的情况,即导航星筛选结果与选星顺序有关。通常不同天文星表的恒星排序是不同的,因此用星等加权法对于不同的天文星表进行处理,会得到截然不同的导航星表;或者用不同的选星顺序处理同一天文星表,也可能得到不同的导航星表,显然这样的处理结果不够合理。

3) 计分法

采用计分法剔除密集星场克服了正交网格法的缺点,完全消除了将两颗相距较近的恒星都选作导航星的问题,有利于提高导航星在全天球分布的均匀性。同时消除了星等加权法导致某些天区中恒星过于稀少的可能性,有利于提高星敏感器的恒星识别概率,避免了选星顺序不同导航星表也不同的缺陷。计分法原理简述如下:首先根据恒星敏感器探测灵敏度等指标从天文星表中筛选出一个预选星表。检查预选星表中的第 i 颗恒星,如果在其邻域内存在一个亮度高于恒星 i 的相邻恒星 j,则恒星 i 的分值加 1。若此邻域内亮度高于恒星 i 的邻星越多,恒星 i 的分值越高。在为预选星表中所有恒星打分后,对全部恒星进行遍历,剔除其中分值高的恒星,将剩余的恒星组成导航星表。为了确保筛选结果可用,还可以对组成的导航星表进行检验,检查其中是否仍然有相距很近的恒星,检查其中是否存在恒星过于密集或过于稀疏的区域。如通过检查,则接受当前筛选结果;否则重新进行筛选。

下面以史密斯星表作为原始星表,J2000.0 历元,包含 258997 颗恒星,阐述计分法的效果。

根据恒星敏感器的探测灵敏度从天文星表中筛选出预选星表。以灵敏度 MT = 6.5 等为例,星表筛选前后统计结果如表 3-5 所列,筛选前后视场内的导航星分布如图 3-8 所示。图 3-8(a)是剔除密集星场前视场内导航星的分布,可以看出在剔除密集星场前,星敏感器视场内导航星的分布与标准泊松分布存在明显差异,表明导航星在天球上的空间分布较不均匀。图 3-8(b)表明在剔除密集星场后,视场内导航星的分布与标准泊松分布非常接近,表明导航星在天球上分布的均匀性得到了很大改善。

表 3-5 筛选前后星表的统计结果

状态	导航星总数	导航星密度 ρ_G/(颗/平方度)	均值($\mu = \Omega \rho_G$)	概率 $P(X \geq 4)$
筛选前	13267	0.32160	11.1531	0.98275
筛选后	10610	0.25719	8.91947	0.97185

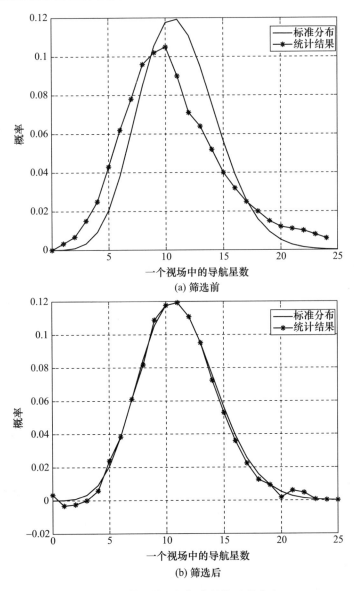

图 3-8 筛选前后视场内导航星数分布

4) 螺旋基准点算法

为了提高导航星分布的均匀性,大多数算法将球面均匀地分割成许多小的区域,并在每个小区域中分别进行导航星筛选[15]。基于螺旋球面基准点导航星选取方法的基本思想是:为提高导航星分布的均匀性,在天球表面构造出一系列均匀分布的基准点,并在每个基准点附近小范围邻域内搜索筛选出一颗星作为导航星。单位球上5000个螺旋基准点分布如图3-9所示。

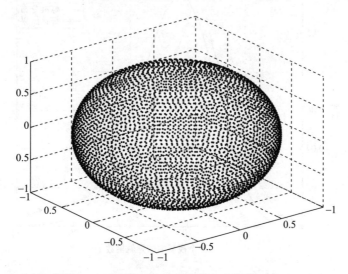

图3-9 近似均匀分布的螺旋基准点($n=5000$)

假设期望构造 n 个螺旋基准点,则第 $k(k=0,1,\cdots,n-1)$ 个螺旋基准点在球面坐标系的坐标为

$$\begin{cases} z_k = 1 - \dfrac{(2k+1)}{n} \\ \theta_k = \arccos z_k \\ \varphi_k = \sqrt{n\pi}\,\theta_k \end{cases} \quad (3-36)$$

每个点的单位矢量坐标为

$$\begin{cases} x_k = \sin\theta_k \cos\varphi_k \\ y_k = \sin\theta_k \sin\varphi_k \\ z_k = 1 - \dfrac{(2k+1)}{n} \end{cases} \quad (3-37)$$

螺旋基准点个数 n 与星敏感器视场大小以及每次拍摄所期望出现在视场内

星点个数相关。假设星敏感器视场角为 FOV,期望每次拍摄视场内星点个数为 m,则有

$$n = \frac{2m}{1 - \cos\frac{\text{FOV}}{2}} \quad (3-38)$$

螺旋基准点算法筛选导航星的具体步骤如下。

(1) 根据式(3-23)计算出螺旋基准点个数。

(2) 根据式(3-21)和式(3-22)计算每个基准点对应的矢量坐标。

(3) 遍历所有螺旋基准点,计算出距离每个基准点角距为 r 范围内所有恒星到基准点的星角距,选取距离最小的恒星作为导航星。

由于候选导航星及螺旋基准点数量较多,对每个基准点都需要进行大量的搜索,这一过程比较耗时,为此又出现了一些改进的螺旋基准点选星算法,如结合二分法、k-vector 快速搜索法在基准点邻域搜索导航星。为了能挑选出更加合理的导航星,在对每个螺旋基准点邻域内搜索候选导航星时,在考虑距离螺旋基准点近的同时考虑星等,以确保视场内导航星的数量少,分布均匀且亮星多,即"距离-星等"加权螺旋基准点筛选导航星算法。候选导航星的权值计算方法为

$$\omega = 1 - (\omega_d \cdot d_{\text{norm}} + \omega_m \cdot m_{\text{norm}}) \quad (3-39)$$

式中:d_{norm} 为恒星到螺旋基准点角距的归一化取值;ω_d 为恒星到螺旋基准点角距所占的比例;m_{norm} 为恒星星等的归一化取值;ω_m 为星等所占的比例。

d_{norm}、m_{norm} 的归一化方法为

$$\begin{cases} d_{\text{norm}} = \dfrac{d}{r} \\ m_{\text{norm}} = \dfrac{m - m_{\min}}{m_{\max} - m_{\min}} \end{cases} \quad (3-40)$$

式中:r 为螺旋基准点搜索半径;$m_{\min}$ 为候选恒星星等的最小值;$m_{\max}$ 为候选恒星星等的最大值。

在每个螺旋基准点搜索半径范围内,采用 ω 对候选的恒星进行性能评价,ω 值越大表示当前候选星的综合性能越好。由于恒星在天球的分布极不均匀,在赤道附近密集而在高纬地区稀疏,因此在利用螺旋基点方法筛选导航星时可能存在某些指向存在"空洞"的问题。为了减少"空洞"发生,可在已构建导航星表的基础上增补空洞星点,具体步骤如下。

(1) 构建基于螺旋基准点的导航星表。

（2）指定光轴指向，并以一定步长改变光轴指向以遍历整个天区，记录视场内无星点的光轴指向。

（3）在记录的光轴指向视场范围内，选取产品能识别到的最亮的恒星追加至导航星表。

（4）更新导航星表。

螺旋基准点算法克服了计分法时间复杂度高及结果重复性低的问题，其在剔除冗余星点方面快速、有效，并且能有效保证单视场内星点数目的稳定性，而且能解决小视场星敏感器中单视场星点不足的问题。

随着对星敏感器精度的要求越来越高，针对小视场星敏感器密集星场的匀化方法及高纬区域恒星的处理将是一个重要的研究方向。

3.4 地面参考基准构建方法

空间高精度测量仪器属于高精度的姿态测量系统，需要对星敏感器的功能和性能进行全面测试。功能测试一般在实验室开展，而外场观星测试是性能验证的一个重要环节。本节分别从外场和实验室两个角度介绍地面参考基准的构建方法。

3.4.1 外场参考基准构建方法

外场观星试验利用真实星空对仪器的功能和性能进行测试，是在地面上验证产品性能最为有效的方式。外场观星可以利用高精度的望远镜或导星镜测试产品的性能[16-17]，但是由于望远镜或导星镜研制费用高、操作复杂，目前一般利用转台结合地球自转模型测试产品的性能。

外场观星试验的测试系统主要由二维转台、转台控制计算机以及测试计算机组成。星敏感器置于转台上，转台用于模拟卫星运行速率并提供精确的角度关系。图3-10所示为星敏感器外场观星测试系统示意图。

外场观星试验主要是利用地球本身自转，将星敏感器固连于地球，使星敏感器的光轴尽量正对天顶观测，以避免大气折射对星敏感器测量精度的影响[18]。

来自恒星的光经过长途的星际旅行，逃过了星际尘埃和气体的拦截，终于到达地球，在进入观测仪器之前，地球大气层会对其产生以下影响：①改变星光行进的路径，天文观测上叫做"蒙气差"；②地球大气的湍流运动对星光路径的扭曲，天文观测上叫做"视宁度"；③大气会削弱星光，天文观测上叫做"大气消光"。为了建立外场参考基准，就需要克服这3类因素的影响，以下分别进行介绍。

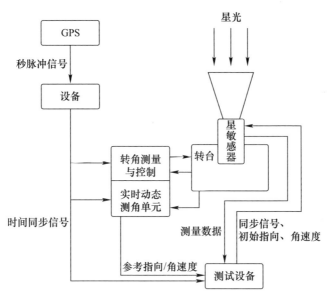

图 3-10 星敏感器外场观星测试系统示意图

1. 蒙气差

蒙气差是光从星际空间进入大气而产生的折射引起的。观测目标离地平线越近,其位置因蒙气差而产生的移动越严重。观测所得星的高度减去蒙气差,才是星的真实高度。星的俯仰角越小,蒙气差越大;温度气压的改变,也会影响蒙气差的大小。蒙气差是影响星体测量精度的一个重要因素,当前蒙气差理论公式是根据空气密度随地面距离与外界条件的变化假设所得到的。在一般天文观测中,主要采用三角函数的近似公式。为方便应用,将近似公式分解成标准大气状态下的平均蒙气差公式和非标准大气状态下的补充修正公式。这类平均蒙气差公式的特点是当天体高度较高时公式误差较小,是一个很好的近似公式。在精密观测过程中,需要对蒙气差进行精密修正[19]。

2. 视宁度

视宁度用于描述天文观测的目标受大气湍流的影响而看起来变得模糊和闪烁的程度。视宁度主要是由空气的湍流运动造成的。视宁度的单位是角秒,一般用一个点源被展宽之后的大小来表示,如视宁度为 $1''$、$2''$。数值越小表示展宽越小,视宁度越好。国家天文台兴隆观测站的视宁度一般在 $2'' \sim 3''$ 内,云南丽江天文台观测站 $0.7'' \sim 0.8''$ 左右,夏威夷莫纳克亚的视宁度可达 $0.5''$。

视宁度的影响因素有天气、时间和地理因素。视宁度通常采用下面 3 种方式描述。

(1) 星像亮度半峰值全宽度。半峰值全宽度越小,视宁度越好。
(2) 大气相干长度。相干长度越小,视宁度越好。
(3) 温度起伏。温度起伏越小,视宁度越好。

目前视宁度的计算通常采用校差图像运动、星像亮度半峰值全宽度、温度脉动探空和声雷达等4种不同的测量方法。

3. 大气消光

大气消光是大气分子对星光的吸收造成到达地面时的星光变暗的现象。修正时利用观测数据和经验公式拟合出相应常数,对理想辐射分布(即原始流量)作用,得到大气消光后的分布,也就是到达地面的辐射分布[20]。

大气消光的主要公式为

$$f_2(\lambda) = f_1(\lambda) e^{-\tau_\lambda} \tag{3-41}$$

式中:$f_1(\lambda)$为原始流量;$f_2(\lambda)$为大气消光后的流量;$\tau_\lambda = k(\lambda)M(z)$。假定大气各向同性,用大气质量$M(z)$表示不同天顶距处消光作用的差别。在天顶$z=0$处,设$M(z)=1$。

$$M(z) = \sec z [1 - 0.0012(\sec^2 z - 1)] \tag{3-42}$$

其中,

$$\sec z = [\sin\varphi\sin\delta + \cos\varphi\cos\delta\cos(s-\alpha)]$$

式中:α、β为恒星的赤经、赤纬;s为观测时刻的地方恒星时;φ为观测地点的地理纬度。

$k(\lambda)$为大气的不透明度,根据数据拟合得到

$$k(\lambda) = 1 - t(\lambda) \tag{3-43}$$

$$t(\lambda) \approx 9.54 \times 10^{-12}\lambda^3 - 1.96 \times 10^{-7}\lambda^2 + 1.35 \times 10^{-3}\lambda - 2.25 \tag{3-44}$$

3.4.2 实验室参考基准构建方法

1. 星模拟器

对星敏感器功能与性能的测试往往要花费大量的时间和资源,即使在地面上进行观星试验,由于受到天气与环境的制约,也很难测试完备。因此,有必要在地面模拟星场,以便在实验室内测试星敏感器系统指标,这将给星敏感器产品的研制、调试、原理分析、精度评估及在轨问题复现带来很大的方便。

星模拟器是星敏感器重要的地面测试设备,主要用于模拟恒星的光谱和星等。星模拟器可以分为静态星模拟器、动态星模拟器、电子星模拟器。静态星模

拟器模拟精度高,但星图显示单一,不能变化,多用于星敏感器的性能测试。动态星模拟器模拟精度低,但星图显示多样,可实现星图连续模拟,多用于星敏感器的功能测试。电子星模拟器根据输入的惯性姿态信息,动态实时生成与该姿态对应的星图,模拟星敏感器探头输出的图像激励星敏感器线路盒。电子星模拟器可对处理器电路、算法及软件进行测试验证,但不能满足对光学系统、探测器电路等工作性能及整机的功能和性能的测试验证需求。

1) 静态星模拟器

静态星模拟器是一种在地面模拟来自"无穷远"天空中恒星位置和亮度的实验装置,它将模拟的星图信息通过光学系统成像到被测仪器入瞳处,供被测仪器识别以对自身姿态识别系统进行功能性测试。静态星模拟器主要由准直光学系统、星点分划板、滤光片、光源、电源和安装支架等部分组成。其中"无穷远"处星光的模拟通过设计准直光学系统实现;恒星位置模拟通过在星点分划板上精确刻划星点位置实现;星等模拟通过调节照明光源的发光亮度来实现;星光谱模拟通过设计光学滤光片实现。其原理框图如图 3 – 11 所示。从图中可以看出,由光源发出的亮度均匀的光线,经过滤光片后照亮位于准直光学系统焦平面上的星点分划板,其上所刻划的星点经准直光学系统后以平行光射出,在被测仪器的入瞳处形成一幅完整的星图,即实现了对"无穷远"处星图的模拟。影响静态星模拟器精度的主要因素有准直光学系统的设计精度、星点位置的计算精度和星点的刻划精度。静态星模拟器单星位置模拟精度可达角秒级或亚角秒级,但仅能模拟固定天区的星场。空间高精度测量仪在外场观星验证和实际在轨使用时,其光轴在惯性系下不可避免存在 $0 \sim 0.1(°)/s$ 运动,仅使用静态星模拟器无法真实模拟动态星场。

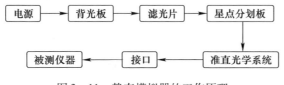

图 3 – 11　静态模拟器的工作原理

2) 动态星模拟器

动态星模拟器在地面上进行实时的动态星图模拟,产生的星图与待标被测仪器实际在轨工作状态时观测到的星图相匹配,可以对被测仪器进行功能测试,这类星模拟器结构较为复杂。动态星模拟器主要由准直光学系统、星图显示组件、光源、电源、接口及驱动电路、电缆、控制计算机系统及软件等组成,如图 3 – 12 和图 3 – 13 所示。从图中可以看出,动态星模拟器与静态星模拟器的主要不同在于动态星模拟器的星图显示器件选用液晶光阀、硅基液晶(LCOS)或有机发光二极管(OLED)等,由此实现了星图的动态模拟。姿态与轨道动力学仿真计算机向星模拟器控制计算机传送某一时刻被测仪器 x、y、z 三轴在惯性空间下的指向,控制计算机收到指向信息后,对导航星表进行遍历,找到此时应该出现在视场中的恒星,并计算相应恒星在本体坐标系下的坐标,求出星点在焦平面的位置后,由计算机控制驱动电路驱动星图显示组件在对应位置上生成星点。实现了模拟星图的显示后,让被测仪器与之对接。影响动态星模拟器精度的因素主要有准直光学系统的设计精度、星图显示软件给出的星点位置精度以及发光元件像素尺寸和制作精度。动态星模拟器可以模拟动态星场,但受显示元件性能限制,其单星位置模拟精度难以优于角秒量级,无法实现空间高精度参考指向不确定度的动态星场模拟。

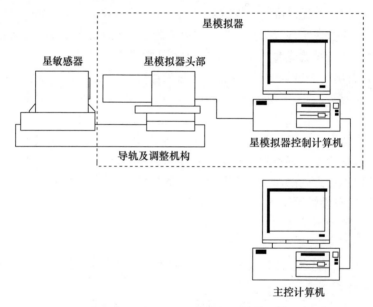

图 3-12　动态星模拟器组成示意图

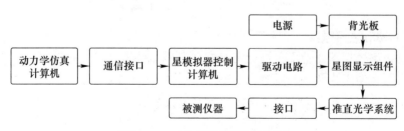

图 3-13　动态星模拟器原理框图

3) 电子星模拟器

电子星模拟器(ESS)用于动态实时模拟产生数字星图,并模拟探头与数据处理单元(DPU)间接口时序,把数字图像送至 DPU 中,供软件处理,从而实时动态模拟在轨星敏感器工作过程。

电子星模拟器由控制上位机系统、电子星模拟器下位机系统、差分盒、驱动软件及相关连接电缆组成,其组成框图如图 3-14 所示。

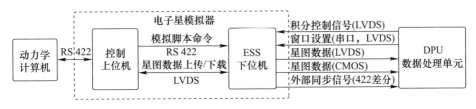

图 3-14 电子星模拟器系统组成框图

在图 3-14 中,控制上位机系统由高性能计算机、PCI 板卡和控制上位机驱动软件组成;ESS 下位机系统由机箱、图像处理板、二次电源板和相关板卡驱动软件组成。根据模拟器的功能描述,控制上位机系统功能模块包括高性能计算机、PCI 图像传输及通信控制板卡、系统驱动程序等组成。下位机系统主要功能模块包括模拟目标图像产生模块、复位接口模块、二次电源模块、与 DPU 间的采样信号接口模块、图像信号传输模块、窗口设置接口模块、外同步信号产生模块、与上位机间异步串行接口模块、图像上传/下载接口模块及驱动程序等。

电子星模拟器根据输入的惯性姿态信息,动态实时生成与该姿态对应的星图。电子星模拟器可对处理器电路、算法及软件进行测试验证,但不能对光学系统和探测器电路等的工作性能、甚高精度星敏感器整机的功能和性能进行测试验证。

2. 天穹恒星模拟系统

为了弥补星模拟器的不足,目前的普遍做法是通过室外观星进行星敏感器灵敏度、精度测试验证。但室外观星也存在以下不足。

(1) 由于天气等因素制约,一年中通常只有春、冬两季大气能见度较好,夏季、秋季能见度较差,通常无法进行观星试验,从而严重影响星敏感器的测试试验。

(2) 大气气流抖动、地表震动、地球自转等因素,给星敏感器观星测试带来误差,不能满足高精度星敏感器的测试需求。外场观星过程中,国内观星站天气状况好时的大气视宁度对星敏感器测量精度的影响为 1.5″~2″,且为随机波动,无法进行补偿,上述视宁度影响基本满足 3″~5″星敏感器的外场观星精度测量需求,但不能满足精度优于1″的星敏感器的测量需求。

(3) 星敏感器观测天区受限。由于观测地点的限制,外场观星有很多天区是不可见的。比如:在北半球观测点观测南天极附近的恒星就是不可实现的,外场观星测试不能覆盖全天球任意天区。

综上所述,使用现有的静态星模拟器、动态星模拟器、电子星模拟器以及室外观星试验等均不能提供充分、真实的星图输入条件。上述几种测试方法以及测试条件的组合测试方法均不能满足空间高精度星敏感器的测试需求,这就需要研制天穹恒星模拟系统。

天穹恒星模拟系统可以结合静态星模拟器、动态星模拟器的优点,同时实现高精度和大立体角的星图模拟,能够满足高精度星敏感器产品的功能、性能验证测试需求。

国外航天大国在20世纪90年代已开始研究天穹恒星模拟系统,目前大致有4种建设方案。

1) 光纤式天穹恒星模拟系统

约翰斯·霍普金斯大学应用物理实验室(APL)已经建立了小型的天穹模拟装置,直径约1m,安装有100个模拟星点,模拟的视场大小为2π立体角。天穹结构为亚克力材料,固定在支撑结构上,内部喷涂高吸收率黑色涂料,用于消除杂光的影响。其实物如图3-15所示。

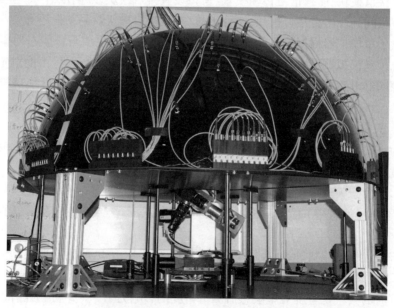

图3-15　APL天穹星模拟器实物

该方案主要由天穹结构、光源、光纤传像束、支撑结构、运动控制机构和遮光结构等子系统组成。

其中,天穹结构用于天穹系统中星点位置的固定及形成封闭暗室,为星敏感器测试提供可靠的结构支撑;光源用于产生具有特定光谱型的光能量;光纤传像束用于传导光源产生的光能量,其一端安装固定于天穹上方,另一端连接光源,光源产生的光能量通过光纤传导后在天穹内部出射,并在待测星敏感器像面成像;支撑结构用于为天穹结构提供稳定、可靠的支撑平台,减小测试过程中天穹因温度或振动等原因产生的位移或形变;运动控制机构用于负载待测星敏感器,带动待测星敏感器在天穹内部旋转,以观测不同天区的星像点;遮光结构用于将天穹形成密闭的暗室,避免观测时引起的杂光干扰。

2)投影式天穹恒星模拟系统

投影式天穹恒星模拟系统的主要设备为投影系统和天穹结构。投影系统将恒星星点投影于天穹内表面。天穹内部采用均匀散射的白布或白漆。星点通过投影系统将恒星像点投影至天穹上,在天穹上方显示恒星像点。恒星投影系统的原理如图3-16所示。

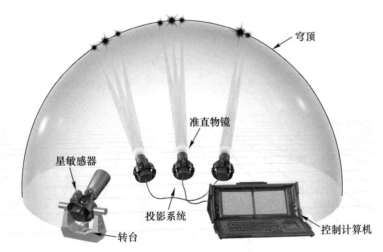

图3-16 投影式天穹结构原理示意图

由于天穹结构为半球结构,单台投影系统无法覆盖如此巨大的张角,因此投影系统一般由多台投影设备构成。每台投影设备负责显示天区的一部分,通过各台投影设备投影图像的拼接实现全天星图的显示。

首先由控制计算机产生恒星星图,根据各投影设备所覆盖的天区对恒星星图进行分割,并送至相应投影系统的显示器件进行显示,相应星图经投影系统的准直物镜准直于天穹表面后,在天穹表面显示星图。

3) 准直物镜式天穹恒星模拟系统

准直物镜式天穹恒星模拟系统采用准直物镜和多个点光源的方式模拟天球中的恒星。

准直物镜式天穹恒星模拟系统基本原理如图3-17所示。准直物镜焦平面为天穹内表面的一部分。恒星星点位于天穹内表面。在天穹结构球心处安装准直物镜。准直物镜对天穹上的发光点的光线进行准直,光线准直后进入星敏感器视场内成像。待测星敏感器和准直物镜一同固定于转台上,并随转台一起转动。通过旋转转台,观测不同区域的恒星像点。

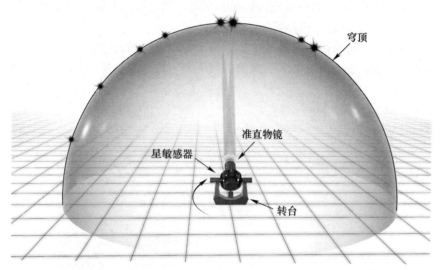

图3-17 准直物镜式天穹恒星模拟系统原理示意图

点光源可采用光纤,将光纤出口按照一定顺序在天穹上进行排布,光纤入光端可以采用多光谱光源或其他光源进行照明。

4) 多光路式天穹恒星模拟系统

多光路式天穹恒星模拟系统采用多个单星光管组合的方式模拟恒星星象。系统主要由单星光管、天穹结构、支撑结构和光源等部分组成。系统结构示意图如图3-18所示。

各单星光管发出平行光后,入射位于天穹球心处的待测星敏感器,待测星敏感器采集各单星光管的星点像,通过建立星表并进行星点提取等数据处理得到待测星敏感器的精度,通过旋转转台可对待测星敏感器的功能进行验证。

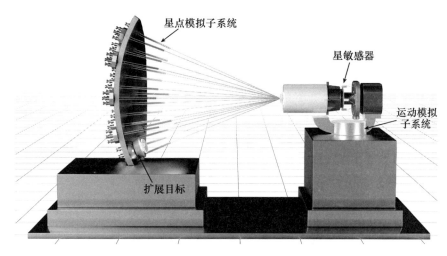

图 3-18 多光路式天穹结构原理示意图

该系统共由 9 个子系统组成,包括结构子系统、星点模拟子系统、运动模拟子系统、扩展目标模拟子系统、参考指向测量子系统、结构变形测量子系统、星等/光谱型定标子系统、真空子系统和隔振子系统。

各部分的主要功能如下。

(1) 结构子系统主要用来为恒星模拟光源提供高稳定支撑,满足相关设备的安装固定需求,结构子系统具有重量轻、强度高、力热稳定性好等特点,是天穹恒星模拟器的重要组成部分。

(2) 星点模拟子系统用于产生大尺度视场的恒星星点,恒星星点是星敏感器地面测试时的观测对象,可用于替代外场恒星观测,完成精度和动态性能的实验室测试验证。

(3) 运动模拟子系统用于为待测星敏感器提供一个高精度运动平台,满足星敏感器精度测试和动态测试的需求。

(4) 扩展目标子系统主要用于模拟天球中的月球、行星等扩展目标,测试待测星敏感器受扩展目标影响后的功能和性能影响。

(5) 参考指向测量子系统用于给出模拟恒星的理论指向。它包括经纬仪模块、指向测量相机模块两部分。经纬仪用于指向测量相机和转台的初始对准。指向测量相机为一个长焦小视场相机,能够给出视场中心星点的高精度质心位置。指向测量相机安装在转台上,随转台进行天穹各天区位置的遍历,获得模拟星点的指向测量结果。

(6) 结构变形测量子系统用于实时监测天穹恒星天球模拟系统的变形。它可以同时对可观测区域的所有星点进行同步监测，可以覆盖所有天穹天区。在产品进行测量前后，快速提供所有天区星点的角度变形测量数据，进行结构变形量对观测结果的影响分析与补偿。

(7) 星等/光谱型定标子系统为了提高星敏感器灵敏度、姿态测量精度测试验证能力，通过天穹恒星模拟系统来提供一个模拟恒星天球，为星敏感器测试提供测试基准。该子系统由星等定标设备、光谱型定标设备两部分组成。

(8) 真空子系统的任务是为星敏感器产品和天穹系统测试提供高真空度的测试环境，模拟星敏感器的在轨真空使用条件，同时通过采用热沉等方式对星敏感器进行温度控制。

(9) 隔振子系统用于为待测试设备和产品等相关设备提供高稳定度的测试平台，降低外界振动源，如车辆运动、外界施工、地震波传导等带来的振动干扰。

天穹恒星模拟系统组成框图如图3-19所示。

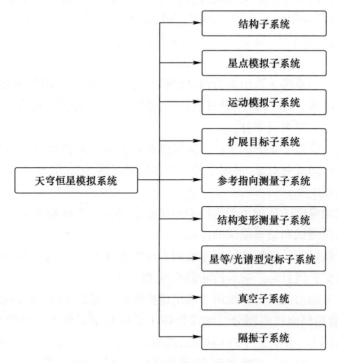

图3-19 天穹恒星模拟系统组成框图

3.5 本章小结

构建空间高精度指向参考基准是星光导航的基础。本章首先介绍了现行的参考基准,包括坐标系基准、时间基准及天文星表。在现行参考基准下,仅考虑了恒星自行对参考基准的影响,此时星表的精度不足以满足高精度的空间指向测量需求,接着介绍了相对论框架下参考基准模型,包括引力偏折、光行差和视差等。

参考基准在高精度指向测量仪器上的体现便是导航星表,因此本章还详细介绍了仪器用导航星表的编制,主要介绍了原始星表的选择与交叉确认、仪器星等计算与验证、密集星场处理等关键步骤。

空间高精度测量仪器属于高精度的姿态测量系统,星光、机、电、热一体化设备,地面测试需要对星敏感器的功能和性能各个环节进行全面的覆盖性测试。因此,本章最后介绍了地面参考基准的构建方法,包括外场参考基准的构建方法和实验室参考基准构建方法。

参考文献

[1] 邢飞,尤政,董瑛. 基于导航星域和 K 矢量的快速星图识别算法[J]. 宇航学报,2010,31(10):2302-2308.

[2] HOG E,The TYCHO Catalogne:Astrometric and Photometric Results[J]. Highlights of Astronomy,1998,(11):544-546.

[3] HOG E,FABRICIUS C,MAKAROV V V,et al. Construction and Verification of the Tycho-2 Catalogue[J]. Astronomy & Astrophysics,2000,357:367-386.

[4] MONET D,LEVINE S,CANZIAN B,et al. The USNO-B catalog[J]. Journal of the Astronomical,2003,125:984-993.

[5] JOHNSON H L,MITCHELL R I. Thirteen color photometry of 1380 bright stars[J]. Revista Mexicana de Astronomía y Astrofísica,1975,1(3):299-324.

[6] SINGH V,PULLAIAH D,RAO J S,et al. Generation and validation of on-board star catalog for RESOURCESAT-I Star Tracker[C]// Aiaa/aas Astrodynamics Specialist Conference & Exhibit. 2013.

[7] SMITH N,FOWELL R,BAE S,et al. Improved star tracker instrument magnitude prediction from ICESAT Flight Telemetr.[J]. Adv. Astronautical Sci,2011,141:639-654.

[8] SCHMIDT U,MICHEL K,AIREY S P. Active pixel sensor technology applied in autonomous star sensors-advantages and challenges[J]. Adv. Astronautical Sci,2007,128:519-535.

[9] 李立宏,林涛,宁永臣,等. 一种改进的全天自主三角形星图识别算法[J]. 光学技术,

2000,7:372-374.
[10] STRUNZ H C,BAKER T,ETHRIDGE D. Estimation of stellar instrument magnitudes[J]. SPIE Space Guidance,Control and Tracking,1993,1949:228-235.
[11] 周建涛,蔡伟,武延鹏. 星敏感器用仪器星等的确定[J]. 空间控制技术与应用,2009,35(2):46-50.
[12] HOFFLEIT D,WARREN Jr W H. The Bright Star Catalogue,5th Revised Ed. Astronomical Data Center,NSSDC/ADC,1991.
[13] BAUER,Robert. Distribution of points on a sphere with application to star catalogs[J]. Journal of Guidance Control & Dynamics,2000,23(1):130-137.
[14] TAO L,JIANLIN Z,JUNPING Z,et al. A general method of the automatical selection of guide star[C]// Fourth International Conference on Signal Processing. IEEE,2002.
[15] 陈聪,王宏力,陆敬辉,等. 基于螺旋基准点的导航星选取方法[J]. 弹箭与制导学报,2012,32(5):29-32.
[16] GIANCARLO Rufino,ANTONIO Moccia. Laboratory test system for performance evaluation of advanced star sensors[J]. Journal of Guidance Control and Dynamics,2002,25(2):200-208.
[17] EISENMAN A,JOERGENSEN J L,LIEBE,C C. Real sky performance of the prototype orsted advanced stellar compass[C]// Aerospace Applications Conference,1996,2:103-113.
[18] 邢飞,尤政,孙婷,等. APS CMOS 星敏感器系统原理及实现方法[M]. 北京:国防工业出版社,2017.
[19] 杨爽. 实时射电高精度天文导航技术研究[D]. 哈尔滨:哈尔滨工业大学,2008.
[20] 李春艳,武延鹏,卢欣. 基于恒星敏感器的仪器星等修正方法[J]. 计测技术,2009,29(6):17-20.

第 4 章
成像目标定心

恒星目标的定位精度决定了最终指向精度,是衡量空间指向测量仪器性能的关键指标之一。而 CRLB 理论决定了单帧单星定位精度最高水平,目前主要通过离焦、亚像素定位算法、视场标定等达到较高的恒星定心精度。但算法自身的周期性 S 误差、离焦成像星点非理想高斯形貌、视场标定误差、转台精度等因素,导致当前空间指向测量仪器的单星定位算法精度只能达到 0.01 像素,均未实现 CRLB 极限水平,即使单帧实现,也难以满足仪器在轨工作需求。

本章首先介绍了几种空间指向测量仪器的传统星点定心算法,分析其各自优点和总体存在的缺陷;4.2 节以 CRLB 理论为指导,研究理想成像和非理想成像下的极限定心理论;4.3 节在探测器像素级特性建模、光学相差色差建模研究基础上介绍了 ePSF 理论,给出一种基于能量迭代的窗口自适应调整目标定位思路和一种基于 ePSF 模型的星点定位方法,并对仿真和实验验证进行分析和总结。

4.1 传统星点定心方法

目前最常用的星点定位方法是亚像素定位法[1-4],较为成熟的主要有两类定心算法。第一类定心算法直接使用星点目标成像的像素点灰度分布研究单星定位误差,基于灰度的算法将质心等同于目标的灰度极值点,利用灰度分布信息求取其质心的精确坐标。最早研究的有质心法、灰度平方加权法、阈值质心法等。该类算法计算简单;但是存在周期性误差,定心精度低,能得到的较好的精度只有 0.1 像素左右。第二类定心算法在星点弥散呈高斯分布的理论基础上,采用形貌拟合方法提取质心,以获得更高的定心精度。常见方法有高斯曲面拟合法、抛物曲面拟合法、圆拟合法等。

4.1.1 质心法

质心法是最简单也是应用最多的星点定心算法,又称为作矩法、重心法或灰度加权法。质心法将成像目标对应的像素点灰度值作为像面坐标系上的权重，星点像中心处对应的灰度值最高，远离星像中心的像素灰度值则越来越小，从而通过计算像素点灰度均值得到目标的质心坐标。在质心测量仪器离焦处理后，一个星点像会弥散在一定范围内的多个像素中，因此质心的定位精度可以达到亚像素级，其表达式为

$$\begin{cases} x_c = \dfrac{\sum\limits_{x=1}^{m}\sum\limits_{y=1}^{n} F(x,y)x}{\sum\limits_{x=1}^{m}\sum\limits_{y=1}^{n} F(x,y)} \\ y_c = \dfrac{\sum\limits_{x=1}^{m}\sum\limits_{y=1}^{n} F(x,y)y}{\sum\limits_{x=1}^{m}\sum\limits_{y=1}^{n} F(x,y)} \end{cases} \quad (4-1)$$

式中：(x_c, y_c)为离散化后星点像中心坐标；(x,y)为像素的几何位置中心坐标；$F(x,y)$为其对应像素点的灰度采样值；$m \times n$为窗口内像素的个数。灰度加权质心法是对星点像进行一阶矩的计算，其原理简单，具有较好的鲁棒性。质心定位精度通常为亚像素级，在星敏感器、星相机等质心测量仪器中应用广泛。

4.1.2 灰度平方加权法

灰度平方加权法是灰度加权质心法的一种改进算法，坐标的权重为该像素灰度值的平方，因此靠近星点中心的像素对结果的影响随之增大。此方法利用了星点像中灰度值较大的部分，相对地，质心窗边缘像素的影响就会变小，从而提升算法的抗噪声干扰能力。灰度平方加权质心法表达式为

$$\begin{cases} x_c = \dfrac{\sum\limits_{x=1}^{m}\sum\limits_{y=1}^{n} F(x,y)^2 x}{\sum\limits_{x=1}^{m}\sum\limits_{y=1}^{n} F(x,y)^2} \\ y_c = \dfrac{\sum\limits_{x=1}^{m}\sum\limits_{y=1}^{n} F(x,y)^2 y}{\sum\limits_{x=1}^{m}\sum\limits_{y=1}^{n} F(x,y)^2} \end{cases} \quad (4-2)$$

4.1.3 阈值质心法

阈值质心法通过将原目标成像的像素点灰度值减去一个统一的背景图像阈值 T，再对相减后的图像进行质心定位。在实际星图中，输出信号包含了星体信息、部分探测器噪声和背景噪声，通过阈值质心法将输出信号中的非星体信息滤除后，再用灰度加权法计算质心，能使星点定心精度获得一定程度的提升。阈值质心法的计算公式为

$$\begin{cases} x_c = \dfrac{\sum\limits_{x=1}^{m}\sum\limits_{y=1}^{n}[F(x,y)-T]x}{\sum\limits_{x=1}^{m}\sum\limits_{y=1}^{n}[F(x,y)-T]} \\[2ex] y_c = \dfrac{\sum\limits_{x=1}^{m}\sum\limits_{y=1}^{n}[F(x,y)-T]y}{\sum\limits_{x=1}^{m}\sum\limits_{y=1}^{n}[F(x,y)-T]} \end{cases} \quad (4-3)$$

式中：T 为背景阈值。

相比于传统质心法，阈值质心法定位精度更高，只有当像素点的灰度采样值 $F(x,y)$ 与其坐标 (x,y) 相互独立时，两种质心算法才会有相同的计算结果。

第一类定心算法计算简单，运算速率快，但是仅仅依赖于灰度值作为权值的做法使得它对探测器噪声、杂光、温度等星点目标成像过程中的干扰均非常敏感，任何远离图像中心的亮噪声点或者靠近图像中心的暗噪声点都会使计算出的质心位置发生偏移，因此质心法需要高信噪比的星图才能获得较好的定心精度。此外，质心法及其各类变式方法还存在阈值难以选择、周期性 S 误差计算窗口难以确定等问题。

4.1.4 高斯曲面拟合法

高斯曲面拟合法通过二维高斯函数建模拟合星点像，当星点像分布接近二维高斯分布时，拟合精度较高。高斯曲面函数 $f(x,y)$ 可以表示为

$$f(x,y) = A \cdot \exp\{-[(x-x_c)^2 + (y-y_c)^2]/B\} \quad (4-4)$$

式中：A 为拟合方程的灰度比例系数，表示灰度幅值的大小，与星点像的能量（星等）有关；(x_c, y_c) 为高斯曲面的中心点即高斯函数的中心坐标；B 为星点像区域面积大小。式中含有 4 个未知参数 A、B、x_c、y_c，用来确定高斯曲面方程，而该函数为非线性指数函数，通过拟合的方式求解参数难度大且计算复杂。

假设星点分布在像面上的区域大小为 $m \times n$，利用这 $m \times n$ 个像素点的灰度值信息对高斯曲面进行拟合，有

$$g(x,y) = \ln f(x,y) = \ln A - \frac{[(x-x_c)^2 + (y-y_c)^2]}{B} \qquad (4-5)$$

待解参数可以转化为

$$\begin{cases} (x_c, y_c) \\ C = \ln A \\ g_{ij} = \ln f(x,y) \end{cases} \qquad (4-6)$$

求解目标函数的最小值，即

$$F(B, x_c, y_c, C) = \sum_{i=1}^{m} \sum_{j=1}^{n} [g(i,j) - g_{ij}]^2 \qquad (4-7)$$

通过求解目标函数的最小值，得到高斯曲面的质心，即星点像的中心拟合坐标。可以直接令 F 的偏导数等于零，求解方程组从而获得所需的各个参数，从高斯曲面模型中得到亚像素级的恒星位置。

4.1.5 抛物曲面拟合法

高斯曲面拟合法需要进行的对数运算计算量较大，可以用抛物曲面近似代替高斯曲面拟合的方法计算星点像位置坐标。

抛物曲面的拟合函数为

$$\varphi(x,y) = a(x^2 + y^2) + bx + cy + d \qquad (4-8)$$

其中，曲面的基函数为

$$\begin{cases} \varphi_0(x,y) = x^2 + y^2 \\ \varphi_1(x,y) = x \\ \varphi_2(x,y) = y \\ \varphi_3(x,y) = 1 \end{cases} \qquad (4-9)$$

a、b、c、d 为待求系数，令

$$\boldsymbol{y} = \begin{bmatrix} f(x_1, y_1) \\ f(x_2, y_2) \\ \vdots \\ f(x_n, y_n) \end{bmatrix}, \quad \boldsymbol{\alpha} = \begin{bmatrix} a \\ b \\ c \\ d \end{bmatrix}, \quad \boldsymbol{A} = \begin{bmatrix} x_1^2 + y_1^2 & x_1 & y_1 & 1 \\ x_2^2 + y_2^2 & x_2 & y_2 & 1 \\ \vdots & \vdots & \vdots & \vdots \\ x_n^2 + y_n^2 & x_n & y_n & 1 \end{bmatrix} \qquad (4-10)$$

式中：$f(x_i,y_i)$为像素点(x_i,y_i)的灰度值。得到正规方程为

$$A^\mathrm{T}A\pmb{\alpha}=A^\mathrm{T}\pmb{y} \qquad (4-11)$$

利用$\hat{\pmb{\alpha}}=A^+\pmb{y}$求解此最小二乘拟合问题的极小范数解,从而得到抛物面曲面函数的各个系数,二抛物面的极值点位置即为星点像质心位置的估计,即

$$\varphi(x,y)=\hat{a}(x^2+y^2)+\hat{b}x+\hat{c}y+\hat{d} \qquad (4-12)$$

$$\begin{cases}\dfrac{\partial\varphi(x,y)}{\partial x}=2ax+b=0,\ \hat{x}_0=-\dfrac{\hat{b}}{2\hat{a}}\\[2mm]\dfrac{\partial\varphi(x,y)}{\partial y}=2ay+c=0,\ \hat{y}_0=-\dfrac{\hat{c}}{2\hat{a}}\end{cases} \qquad (4-13)$$

因为抛物面拟合法只是近似代替高斯曲面,所以它的算法误差较大,但是计算量较小。

4.1.6 椭圆拟合法

椭圆拟合法假设星点像弥散边缘近似于圆形或椭圆形,采用二次曲线拟合的方式提取星点像区域的边缘,并对边缘坐标以椭圆函数进行拟合,得到的椭圆中心即为星点像中心。拟合方程为

$$x^2+2bxy+cy^2+2dx+2ey+f=0 \qquad (4-14)$$

如果满足以下条件：

$$\begin{cases}b^2-c<0\\(1+c)(cf+2bde-d^2c-b^2f-e^2)<0\end{cases} \qquad (4-15)$$

则满足椭圆函数,均方差为

$$e^2=\sum_{i=1}^{N}(x_i^2+2bx_iy_i+cy_i^2+2dx_i+2ey_i+f^2)^2 \qquad (4-16)$$

对$b、c、d、e、f$求偏导,得到5个包含5个未知数的方程,求解以上5个方程得到椭圆方程中的5个参数,可以得到椭圆中心坐标,即星点像坐标(x_c,y_c)为

$$\begin{cases}x_c=\dfrac{be-cd}{c-b^2}\\[2mm]y_c=\dfrac{bd-e}{c-b^2}\end{cases} \qquad (4-17)$$

曲面拟合法相较于一般质心法,精度较高,但是计算难度高且计算量大,导致算法的实时性差。当星点分布偏离高斯形貌时,星点像偏离形貌分布会导致

定心精度下降。

常规星点质心定位方法未考虑星点形貌的影响，实际成像模型同样导致目前质心算法定位精度不高。受探测器像素级响应、光学像差、色差、噪声等作用，成像的衍射斑为非理想艾里斑，现行的定心算法在噪声抑制、形貌拟合、窗口选择等方面缺少优化手段，很难得到真实的质心位置，存在较大的系统误差，定心精度不高，且受实际形貌的影响较大。同时，质心定位精度缺乏验证评估手段，极限精度理论有待深入开展。因此，组件的非理想性和时变情况乃是常态，而两类定心算法均无法实现非理想高斯点源的精确定位。

通常以姿态精度来反推质心定位精度，其结果反映了所有外界和内在因素的影响，无法将质心算法的定位误差与其他因素分割开。常规定心算法精度在微米量级，目前对于非理想高斯形貌下的定心方法研究进展缓慢。

4.2 目标定位精度极限分析

为精确获得探测器噪声等因素对星点定心精度的影响，探究质心定位算法的极限精度，本节介绍现代数理统计的 CRLB 理论以及用于 CRLB 相关计算的探测器信号和噪声模型。

4.2.1 CRLB 理论的定义与性质

作为数理统计领域诞生的里程碑式理论之一，CRLB 是有关参数统计在理论和工程上最基本的界。反比于费舍尔信息量，CRLB 是任何确定样本空间下参数估计的下限，任何该参数的无偏估计器均不能获得低于 CRLB 的方差。

CRLB 计算简单且有理论支撑，对于给定的模型，它可以作为一个无偏估计器是否具备最优性能的判据，可避免在大量估计器中不必要的寻优过程，节省设计者在建模方面的时间。这个理论与数学统计中的许多分支都有联系，如识别、线性模型、最大似然、假定测试等。CRLB 在通信等领域已经得到大规模应用，在星敏感器领域的应用少见报道，但研究表明，CRLB 涉及星敏感器的方方面面。

下面给出 CRLB 理论的定义、性质、证明及推论。该理论已经十分成熟，详细内容可参考参数估计等有关书籍，此处不再赘述。

1. 无偏估计

假定样本观测量 $x \in X \subset R^n$，服从概率密度函数 $p(x;\boldsymbol{\theta})$ 分布，其中 $\boldsymbol{\theta}$ 是要确定的参数矢量，$\boldsymbol{\theta} \in \Theta \subset R^{n_\theta}$，令 $\boldsymbol{\theta}_0 \in \Theta$ 为某未知参数 $\boldsymbol{\theta}$ 真实估计量，$\hat{\boldsymbol{\theta}}(x)$ 为 x 关

于 $\boldsymbol{\theta}$ 的估计,对于 $\boldsymbol{\theta}$ 的期望定义为 $E_{\boldsymbol{\theta}}(\cdot) = \int_X (\cdot) p(\boldsymbol{x};\boldsymbol{\theta}) \mathrm{d}\boldsymbol{x}$,则当且仅当

$$E_{\boldsymbol{\theta}}(\hat{\boldsymbol{\theta}}(\boldsymbol{x})) = \boldsymbol{\theta}_0 \tag{4-18}$$

成立时称为无偏估计。

2. 有效率

定义该模型的费舍尔信息矩阵为

$$I(\boldsymbol{\theta}) \triangleq E_{\boldsymbol{\theta}}\{s(\boldsymbol{x};\boldsymbol{\theta})s^{\mathrm{T}}(\boldsymbol{x};\boldsymbol{\theta})\}, s(\boldsymbol{x};\boldsymbol{\theta}) \triangleq \frac{\partial \lg p(\boldsymbol{x};\boldsymbol{\theta}')}{\partial \boldsymbol{\theta}'}\bigg|_{\boldsymbol{\theta}'=\boldsymbol{\theta}} \tag{4-19}$$

对于正则条件,如 $h(\boldsymbol{x}) \equiv 1$ 或 $h(\boldsymbol{x}) \equiv \hat{\boldsymbol{\theta}}(\boldsymbol{x})$,由式(4-19)知,$p(\boldsymbol{x};\boldsymbol{\theta})$ 对 $\boldsymbol{\theta}$ 的偏微分满足

$$\frac{\partial}{\partial \boldsymbol{\theta}^{\mathrm{T}}} E_{\boldsymbol{\theta}}(h(\boldsymbol{x})) = E_{\boldsymbol{\theta}}(h(\boldsymbol{x})s^{\mathrm{T}}(\boldsymbol{x};\boldsymbol{\theta})) \tag{4-20}$$

特别地,当 $h(\boldsymbol{x}) \equiv \hat{\boldsymbol{\theta}}(\boldsymbol{x})$,式(4-20)写成分量形式,即

$$\frac{\partial}{\partial \boldsymbol{\theta}_j^{\mathrm{T}}} E_{\boldsymbol{\theta}}(\hat{\boldsymbol{\theta}}_i(\boldsymbol{x})) = E_{\boldsymbol{\theta}}(\hat{\boldsymbol{\theta}}_i(\boldsymbol{x})s^{\mathrm{T}}(\boldsymbol{x};\boldsymbol{\theta}_j)) = \delta_{ij} \tag{4-21}$$

定义该模型的协方差矩阵为

$$\mathrm{var}(\hat{\boldsymbol{\theta}}(\boldsymbol{x})) = E\{(\hat{\boldsymbol{\theta}}(\boldsymbol{x}) - \boldsymbol{\theta}_0)(\hat{\boldsymbol{\theta}}(\boldsymbol{x}) - \boldsymbol{\theta}_0)^{\mathrm{T}}\} \tag{4-22}$$

假定 $p(\boldsymbol{x};\boldsymbol{\theta})$ 的雅克比矩阵和黑塞矩阵关于 $\boldsymbol{x}$ 和 $\boldsymbol{\theta}$ 是2阶可积可微的,则有以下性质成立。

性质4.1 费舍尔信息矩阵的反比即为 CRLB 界,$\mathrm{CRLB}(\boldsymbol{\theta}) = I^{-1}(\boldsymbol{\theta})$。如果存在上述下界,则任何无偏估计器满足以下不等式,即

$$\mathrm{var}(\hat{\boldsymbol{\theta}}(\boldsymbol{x})) \geqslant \mathrm{CRLB}(\boldsymbol{\theta}) \tag{4-23}$$

等式成立当且仅当均方意义上 $\hat{\boldsymbol{\theta}}(\boldsymbol{x}) - \boldsymbol{\theta} = \mathrm{CRLB}(\boldsymbol{\theta})s(\boldsymbol{x};\boldsymbol{\theta})$ 成立。满足 CRLB 界的无偏估计器称有效率的,又名最小无偏方差估计器。

假定式(4-18)成立,考虑以下随机变量,$U(\boldsymbol{x}) = \boldsymbol{a}^{\mathrm{T}}\hat{\boldsymbol{\theta}}(\boldsymbol{x})$,$V(\boldsymbol{x}) = \boldsymbol{b}^{\mathrm{T}}s(\boldsymbol{x};\boldsymbol{\theta})$,由前述无偏定义可知,$U(\boldsymbol{x})$ 均值为 $\boldsymbol{a}^{\mathrm{T}}\boldsymbol{\theta}_0$,$V(\boldsymbol{x})$ 均值为 0,由式(4-18)和式(4-22),两随机变量的协方差矩阵分量为

$$\mathrm{cov}(U,V) = E\{(U(\boldsymbol{x}) - \boldsymbol{a}^{\mathrm{T}}\boldsymbol{\theta}_0)(V(\boldsymbol{x}) - 0)^{\mathrm{T}}\} = \boldsymbol{a}^{\mathrm{T}}\boldsymbol{b} \tag{4-24}$$

$$\mathrm{var}(U) = \boldsymbol{a}^{\mathrm{T}}\mathrm{var}(\boldsymbol{\theta})\boldsymbol{a}, \mathrm{var}(V) = \boldsymbol{b}^{\mathrm{T}}I(\boldsymbol{\theta})\boldsymbol{b} \tag{4-25}$$

由柯西-施瓦茨不等式,即

$$\operatorname{cov}(U,V) \leq \sqrt{\operatorname{var}(U)}\sqrt{\operatorname{var}(V)} \quad (4-26)$$

可得

$$\frac{(\boldsymbol{a}^{\mathrm{T}}\boldsymbol{b})^2}{\boldsymbol{b}^{\mathrm{T}}I(\boldsymbol{\theta}_0)\boldsymbol{b}} \leq \boldsymbol{a}^{\mathrm{T}}\operatorname{var}(\boldsymbol{\theta})\boldsymbol{a} \quad (4-27)$$

式(4-27)对所有情况均成立,即 $\max\limits_{\boldsymbol{b}\neq 0}\frac{(\boldsymbol{a}^{\mathrm{T}}\boldsymbol{b})^2}{\boldsymbol{b}^{\mathrm{T}}I(\boldsymbol{\theta}_0)\boldsymbol{b}} \leq \boldsymbol{a}^{\mathrm{T}}\operatorname{var}(\boldsymbol{\theta})\boldsymbol{a}$,求解过程可等价为

$$\max_{\boldsymbol{b}\neq 0}(\boldsymbol{a}^{\mathrm{T}}\boldsymbol{b})^2, \boldsymbol{b}^{\mathrm{T}}I(\boldsymbol{\theta}_0)\boldsymbol{b} = 1 \quad (4-28)$$

由拉格朗日乘子方法可得 $\boldsymbol{b}^* = \dfrac{I^{-1}(\boldsymbol{\theta}_0)\boldsymbol{a}}{\boldsymbol{a}^{\mathrm{T}}I(\boldsymbol{\theta}_0)\boldsymbol{a}}$,代入式(4-27),得

$$\boldsymbol{a}^{\mathrm{T}}(\operatorname{var}(\boldsymbol{\theta}) - I^{-1}(\boldsymbol{\theta}_0))\boldsymbol{a} \geq 0 \quad (4-29)$$

可验证当 $\hat{\boldsymbol{\theta}}(\boldsymbol{x}) - \boldsymbol{\theta} = \mathrm{CRLB}(\boldsymbol{\theta})s(\boldsymbol{x};\boldsymbol{\theta})$ 时,等式成立。得证。

性质 4.2 $p(\boldsymbol{x};\boldsymbol{\theta})$ 二次可微,则可知

$$I_{ij}(\boldsymbol{\theta}_0) = -E\left\{\frac{\partial^2 \lg p(\boldsymbol{x};\boldsymbol{\theta}')}{\partial\theta_j\partial\theta_i}\right\}$$

式中:

$$\frac{\partial^2 \lg p(\boldsymbol{x};\boldsymbol{\theta}')}{\partial\theta_j\partial\theta_i} = \frac{\partial}{\partial\theta_j}\left\{\frac{1}{p(\boldsymbol{x};\boldsymbol{\theta}')}\frac{\partial}{\partial\theta_j}p(\boldsymbol{x};\boldsymbol{\theta}')\right\}$$

$$= -\frac{1}{p^2(\boldsymbol{x};\boldsymbol{\theta}')}\left[\frac{\partial}{\partial\theta_j}p(\boldsymbol{x};\boldsymbol{\theta}')\right]^2 + \frac{1}{p(\boldsymbol{x};\boldsymbol{\theta}')}\frac{\partial^2}{\partial\theta_j\partial\theta_i}p(\boldsymbol{x};\boldsymbol{\theta}')$$

$$= -s^2(\boldsymbol{x};\boldsymbol{\theta}) + \frac{1}{p(\boldsymbol{x};\boldsymbol{\theta}')}\frac{\partial^2}{\partial\theta_j\partial\theta_i}p(\boldsymbol{x};\boldsymbol{\theta}') \quad (4-30)$$

$$I_{ij}(\boldsymbol{\theta}_0) = -E\left\{\frac{\partial^2 \lg p(\boldsymbol{x};\boldsymbol{\theta}')}{\partial\theta_j\partial\theta_i}\right\} = E\left\{s^2(\boldsymbol{x};\boldsymbol{\theta}) - \frac{1}{p(\boldsymbol{x};\boldsymbol{\theta}')}\frac{\partial^2}{\partial\theta_j\partial\theta_i}p(\boldsymbol{x};\boldsymbol{\theta}')\right\}$$

$$= E\{s^2(\boldsymbol{x};\boldsymbol{\theta})\} \quad (4-31)$$

性质 4.3 如果 $E_{\boldsymbol{\theta}}(\hat{\boldsymbol{\theta}}(\boldsymbol{x})) = \boldsymbol{\theta}_0 + r(\boldsymbol{\theta}_0)$,$r$ 可微,则称估计是有偏的,且有偏估计的方差下界为

$$\operatorname{var}(\boldsymbol{\theta}) = r(\boldsymbol{\theta}_0)r^{\mathrm{T}}(\boldsymbol{\theta}_0) + (I + \nabla r^{\mathrm{T}}(\boldsymbol{\theta}_0))I^{-1}(\boldsymbol{\theta}_0)(I + \nabla r^{\mathrm{T}}(\boldsymbol{\theta}_0))^{\mathrm{T}} \quad (4-32)$$

CRLB 至少有以下 3 个特点:①该下界针对无偏估计器,不针对有偏估计器;②工程上可能不存在达到该下界的算法;③当样本数达到一定规模时,最大似然估计能够渐进达到这个界。由性质 4.1 可知,比较协方差可得各种估计器的性能,满足 CRLB 的即是最优估计器。性质 4.2 提供了另一种计算 CRLB 方

法。性质 4.3 表明存在有偏估计器,不满足 CRLB 定理。

4.2.2 理想条件下星点定心的 CRLB

1. CRLB 和成像星敏感器的点源信号模型

由 4.2.1 小节可知,若样本的概率密度函数 $p(\boldsymbol{x};\boldsymbol{\theta})$ 满足下式,即

$$E\left[\frac{\partial}{\partial \boldsymbol{\theta}}\ln p(\boldsymbol{s};\boldsymbol{\theta})\right]=0 \quad (4-33)$$

则任何一个无偏估计器满足

$$\mathrm{var}(\hat{\boldsymbol{\theta}}) \geqslant \frac{-1}{I(\boldsymbol{\theta})} \quad (4-34)$$

其中,

$$I(\boldsymbol{\theta}) = E\left[\frac{\partial^2}{\partial \boldsymbol{\theta}^2}\ln p(\boldsymbol{s};\boldsymbol{\theta})\right] = -E\left[\left(\frac{\partial}{\partial \boldsymbol{\theta}}\ln p(\boldsymbol{s};\boldsymbol{\theta})\right)^2\right]$$

式中:s 为信号采样点;$\boldsymbol{\theta}$ 为样本待估计参数;$p(\boldsymbol{s};\boldsymbol{\theta})$ 为样本估计的似然函数;$I(\boldsymbol{\theta})$ 为费舍尔信息量,表示样本的集中程度;$\mathrm{var}(\hat{\boldsymbol{\theta}})$ 为 $\hat{\boldsymbol{\theta}}$ 方差。

式(4-34)表明,不论采用何种参数估计方法,由于噪声因素的影响,样本某参数的估计方差不小于 $1/I(\boldsymbol{\theta})$,$1/I(\boldsymbol{\theta}) \triangleq \mathrm{CRLB}(\boldsymbol{\theta})$。当一种估计法所得参数 $\boldsymbol{\theta}$ 的最小方差满足 $\mathrm{var}(\hat{\boldsymbol{\theta}}) = 1/I(\boldsymbol{\theta})$ 时,该估计方法对于参数 $\boldsymbol{\theta}$ 即为最小方法无偏估计方法。

星敏感器采用 CCD、APS 等光电成像器件作为图像探测敏感装置,存在的噪声类型和来源是多种多样的,器件的定位误差下限与器件参数的关系只能通过对星点信号建模得到。

图像探测器的点源信号为理想二维高斯模型,即

$$S(x,y,x_c,y_c) = (2\pi\sigma_s^2)^{-1}\exp\left[\frac{-(x-x_c)^2}{2\sigma_s^2}\right]\exp\left[\frac{-(y-y_c)^2}{2\sigma_s^2}\right] \quad (4-35)$$

由此可得相应的一维模型为

$$\begin{cases} S(x,x_c) = (2\pi\sigma_s^2)^{-1/2}\exp\left[\dfrac{-(x-x_c)^2}{2\sigma_s^2}\right] \\ S(y,y_c) = (2\pi\sigma_s^2)^{-1/2}\exp\left[\dfrac{-(y-y_c)^2}{2\sigma_s^2}\right] \end{cases} \quad (4-36)$$

为简化分析,采用一维模型,则第 i 个像元产生的理想形貌为

$$g_i(x_c) = I_0 \int_{x_i-\Delta x/2}^{x_i+\Delta x/2} S(x,x_c)\,dx \qquad (4-37)$$

式中:(x_c, y_c) 为点源真实坐标;σ_s 为点源的尺度;Δx 为像素尺度;I_0 为信号能量的归一化系数。图像探测器的噪声主要分为泊松噪声和高斯噪声两类,分别对像素采样进行噪声建模,分析成像器件的 CRLB 特性。

2. 泊松噪声下的 CRLB 指标

像素信号模型满足

$$s_i = \lambda_i + e_i, \lambda_i = I_0 g_i(x_c) \qquad (4-38)$$

式(4-38)中 e_i 为泊松噪声,满足

$$E(e_i) = \lambda_n, E(e_i e_j) = \lambda_n \delta_{ij}, E(s_i) = \lambda_i + \lambda_n, \mathrm{var}(s_i) = \lambda_i + \lambda_n \qquad (4-39)$$

成像单元能量信号满足泊松分布,其似然函数为

$$\ln p(s; x_c) = \ln \prod_i p(s_i; x_c) = \sum_i [-\lambda_i - \lambda_n] + \sum_i s_i \ln[\lambda_i + \lambda_n] - \sum_i \ln s_i!$$

$$(4-40)$$

由此可得

$$\Gamma = \frac{\partial \ln p(s; x_c)}{\partial x_c} = \sum_i \frac{I_0 s_i g'(x_c)}{I_0 g(x_c) + \lambda_n} \qquad (4-41)$$

由式(4-33)和式(4-41),可得

$$E[\Gamma^2] = \sum_i \frac{[I_0 g'_i(x_c)]^2}{I_0 g_i(x_c) + \lambda_n} \qquad (4-42)$$

通常探测器的器件偏置和暗电流噪声比较小,像素内的主要噪声来自天空背景和读出噪声,下面将其分为背景主导型和读出噪声主导型两种。

读出噪声主导型,其短曝光时间的信噪比为

$$R = \left(\sum \frac{C^2}{(C_o + N_r^2)} \right)^{0.5} \qquad (4-43)$$

信噪比随读出噪声增大而快速下降,为提高信噪比,需采用一个低读出噪声的探测器,或者采用合成技术,使得窗口内数据通过一个读出端口输出,此时亚采样对定位有一定影响。

天空背景主导型,其长时间曝光或背景较亮的信噪比为

$$R = \left(\sum \frac{C_o^2}{(C_o + C_s)} \right)^{0.5} \qquad (4-44)$$

R 随天空背景噪声增大而快速下降。为提高信噪比,需降低窗口内像素数

量,或者在更好的视宁度下观测。

由式(4-43)和式(4-44)可得,像素信噪比为

$$R^2 = \sum_i \frac{I_0^2 g_i^2(x_c)}{\text{var}(s_i)} \approx \begin{cases} \dfrac{I_0^2}{2\sqrt{\pi}\lambda_n \sigma_s} & \lambda_i \ll \lambda_n \\ I_0 & \lambda_i \gg \lambda_n \end{cases} \quad (4-45)$$

由式(4-21)和式(4-29)化简可得费舍尔信息量 $I(x_c)$ 为

$$I(x_c) \approx \begin{cases} \dfrac{I_0^2}{4\sqrt{\pi}\lambda_n \sigma_s^3} & \lambda_i \ll \lambda_n \\ \dfrac{I_0}{\sigma_s^2} & \lambda_i \gg \lambda_n \end{cases} \quad (4-46)$$

由式(4-43)可得定位误差为

$$\sigma_x = \begin{cases} \dfrac{\sqrt{2}\sigma_s}{R} & \lambda_i \ll \lambda_n \\ \dfrac{\sigma_s}{R} & \lambda_i \gg \lambda_n \end{cases} \quad (4-47)$$

由式(4-46)和式(4-47)可知,存在泊松噪声时,定位误差下限与信噪比成反比,与点源尺度成正比;由式(4-47)可知,定位误差大小与泊松噪声背景项是否占主导地位有关,相差一个系数 1.414。

3. 高斯噪声下的 CRLB 指标

像素信号模型同式(4-38),$E(e_i)=0$,$E(e_i e_j)=\sigma_n^2 \delta_{ij}$,$E(s_i)=I_0 g_i(x_c)$ 为高斯噪声,满足

$$E(e_i)=0, E(e_i e_j)=\sigma_n^2 \delta_{ij}, E(s_i)=\lambda_i, \text{var}(s_i)=\lambda_i+\sigma_n^2 \quad (4-48)$$

成像单元能量信号满足高斯分布,其似然函数为

$$\ln p(s;x_c) = \ln \prod_i p(s_i;x_c) = -\sum_i \ln \sqrt{2\pi}\sigma_n - \sum_i \frac{(s_i-\lambda_i)^2}{2\sigma_n^2}$$

$$(4-49)$$

由此可得

$$\Gamma = \frac{\partial \ln p(s;x_c)}{\partial x_c} = \sum_i \frac{I_0}{\sigma_n^2}(s_i - I_0 g_i(x_c)) g_i'(x_c) \quad (4-50)$$

由式(4-33)和式(4-50)可得费舍尔信息量 $I(x_c)$ 为

$$I(x_c) = \sum_i \frac{I_0^2 (g_i'(x_c))^2}{\sigma_n^2} \approx \frac{I_0^2}{4\sqrt{\pi}\sigma_n^2 \sigma_s^3} \qquad (4-51)$$

又信噪比定义同式(4-45),可得

$$R^2 = \frac{I_0^2}{2\sqrt{\pi}\sigma_n^2 \sigma_s} \qquad (4-52)$$

可以验证式(4-50)满足式(4-33)的定义,结合式(4-36)可得

$$\sigma_x = \frac{\sqrt{2}\sigma_s}{R} \qquad (4-53)$$

由式(4-52)和式(4-53)可知,高斯噪声下定位误差下限与信噪比成反比,与点源尺度成正比。这与泊松噪声背景占比较大时的 CRLB 性能类似。

4.2.3 CRLB 在非理想情况下的拓展

虽然以 CRLB 理论为指导,获得了理想成像下仪器的极限精度,但指向测量仪器通常处于非理想情况。因此研究非理想情况下的精度极限理论,并以此验证评估新型的定心算法具有重要价值[5]。

仪器单星定位精度决定了最终的姿态精度,因此研究造成单星定位误差的各种因素和误差降低技术非常必要。星敏感器的单星测量误差流程示意图如图4-1所示。

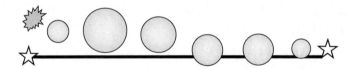

图 4-1 单星测量误差流程示意图

恒星经过这些过程,与理想位置会出现偏差,可用公式表述为

$$\hat{x} = x_{\text{true}} + \sum_p e_p, \sum_p e_p = e_{\text{algo}} + e_n + e_l + e_m + e_{\text{prnu}} + e_{\text{conf}} + e_{\text{catalog}} + \cdots + e_f$$
$$(4-54)$$

式中:x_{true} 为星点真实位置;e_p 为单次测量中某种误差源 p 带来的误差量,包括算法误差(e_{algo})、器件噪声(e_n)、光学镜头畸变(e_l)、CCD 器件的光响应不一致(e_{prnu})、温致焦距漂移(e_f)、像移(e_m)、速度畸变和抖动、系统装调(e_{conf})、星表(e_{catalog})等带来的位置误差。

由式(4-54)可知,单星定位误差由多种重要误差源组成,可表述为

$$\hat{x} = x_{\text{true}} + \delta x, \delta x = \sum_i \delta x_i = \delta x_n + \delta x_l + \delta x_v + \delta x_{\text{prnu}} + \cdots + \delta x_f \tag{4-55}$$

式中：x_{true} 为星点真实位置；δx_i 为器件噪声（δx_n）、光学镜头畸变（δx_l）、CCD 器件的光响应不一致（δx_{prnu}）、温致焦距漂移（δx_f）、像移（δx_v）等误差源带来的位置误差。

其他误差源，如光学畸变、系统装调、运动、焦距漂移等因素互相独立，可以通过工艺和设计改善。改善到何种程度，则是由这些没有校正的误差源决定的，这些误差源中，器件噪声是造成定位误差的最根本因素，具有随机性，不可能从信号中去除。统计理论使用 CRLB 理论估计其造成的定位误差大小。

噪声导致的定位误差可表述为

$$\delta x_n = \sqrt{\text{CRLB}(x)} = \frac{\sqrt{2}\sigma_s}{R}, R^2 \approx \frac{I_0^2}{2\sqrt{\pi}\sigma_n'\sigma_s} \tag{4-56}$$

式中：R 为信噪比。为有效约束其他误差源，δx_n 波动性越小越好。式（4-56）表明，δx_n 正比于 σ_s/R，由此可知，在噪声一定的情况下，σ_s 和 I_0 越稳定越好。

$$\hat{\sigma}_s^2 = \sigma_{s,\text{true}}^2 + \delta\sigma_s^2, \delta\sigma_s^2 = \sum_i \delta\sigma_{s,i}^2, \hat{I}_0 = I_{0,\text{true}} + \delta I_0, \delta I_0 = \sum_i \delta I_{0,i} \tag{4-57}$$

式中：$\sigma_{s,\text{true}}^2$、$I_{0,\text{true}}$ 分别为星点真实尺度和亮度；$\delta\sigma_{s,i}^2$、$\delta I_{0,i}$ 分别为误差源导致的尺度和亮度估计误差。

由前述分析可知，器件噪声也是造成尺度和亮度估计误差的最根本因素。为得到稳定的亮度和尺度，需要计算亮度和尺度的最小方差。重复上述 CRLB 求值过程，关于亮度和尺度的最小误差为

$$\begin{cases} \delta I_{0,n} = \sqrt{\text{CRLB}(I_0)} = \dfrac{I_0}{R} \\ \delta\sigma_{s,n}^2 = \sqrt{\text{CRLB}(\sigma_s^2)} = \dfrac{4\sigma_s^2}{\sqrt{3}R} \end{cases} \tag{4-58}$$

对于高斯信号，一旦亮度、尺度和位置的估计精度能够达到 CRLB 值，那么即使再好的估计器也不能获得更好的结果。由式（4-55）和式（4-56）可知，任何亮度、尺度和位置误差的增加都会导致最终的定位精度 δx_n 低于 CRLB 值。对于非高斯噪声情形，式（4-56）和式（4-58）同样应做改变。

对于任何参数无偏估计器，一旦达到 CRLB 值，就不存在更好的无偏估计

器。因此，有些偏置误差，如δx_1可以通过建模做一定补偿，但更多的误差则只能抑制。对于一些无规律的误差，如果这些量不好实时估计，则可以考虑用工具约束，这个工具就是位置的CRLB，由于位置的CRLB同时受亮度估计、尺度估计影响。既然位置误差指标δx_n正比于σ_s/R、$\delta I_{0,n}$，则δx_n和$\delta\sigma_{s,n}^2$可作为全部约束来限制其他重要误差源。因此，本节提出以式(4-56)和式(4-58)为基准，约束星敏感器其他重要参数。这样误差约束方程可定义为

$$\begin{cases} \delta\Phi_i \leq \eta_{\Phi,i}\delta\Phi_n \\ \eta_\Phi < \infty \\ \Phi \in \{x, \sigma_s^2, I_0\} \end{cases} \quad (4-59)$$

由式(4-59)可以确定一些参数的取值边界。假定$\eta_{\Phi,i}$小到一定程度，就意味着该因素对最后总体误差影响较小。那么跟踪的星点数据不仅可以用于输出姿态，也能用于在轨校正。需要注意的有以下几点。

(1) 不是所有误差源均对位置、亮度、尺度产生影响，因此主要对产生位置误差的误差源进行限制。

(2) 因单星定位精度指标是位置精度，位置约束是最主要的约束，其次为尺度约束和亮度约束。

(3) 式(4-59)中只有$\delta\Phi_i$未知，需要对误差源i建模，推导产生δx_i、$\delta\sigma_{s,i}^2$、$\delta I_{0,i}$，然后分配相应的$\eta_{\Phi,i}$，进而得到相应的误差边界。

(4) 对于更高端的器件，如果设计或运行参数导致的偏差对部件设计精度的影响已经达到不可忽略的程度，必须对该参数实施可行的技术校正。

4.3 高精度成像目标定心方法

基于对传统成像目标定心方法暴露的问题的汇总以及目标定心极限理论的分析，本章节将从探测器像素级机理与建模方法入手，最终提出基于能量迭代的星点窗口自适应调整法、时域扩展序列星图像素级滤波法和基于ePSF模型的目标定位法三种高精度成像目标定心方法，并阐述其基础原理和实现结果。

4.3.1 APS探测器像素级特性建模与机理研究

1. APS CMOS图像探测器的结构

当前星敏感器等空间指向测量仪器，多以APS CMOS探测器为成像传感器，其基本结构如图4-2所示，通常由像素阵列、行驱动器、列驱动器、时序控制处理器、A/D转换器、数据总线输出接口、控制接口等部分组成，通常集成在同一块芯片上[6-8]。

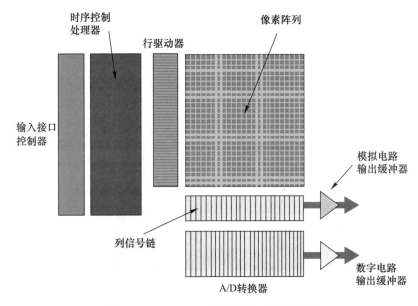

图 4-2 APS CMOS 探测器组成原理框图

像敏单元阵列按 x 方向和 y 方向排列成方阵,方阵中的每一个像敏单元都有它在 x、y 方向上的地址,可分别由两个方向的地址译码器进行选择;每一列像敏单元对应一个列放大器,列放大器的输出信号接到由 x 方向地址译码控制器进行控制的模拟多路开关,并输出至输出放大器;输出放大器的信号送给 A/D 转换器进行模数转换,经预处理电路处理后通过接口电路输出。

时序控制处理器为整个 APS CMOS 图像探测器提供各种工作脉冲,这些脉冲均可受控于接口电路发来的同步控制信号。

2. 像素尺度、形状和布局

由于微观工艺水平限制,成像的像素之间、探测器与探测器之间像素尺寸有着微弱的差别,常规角秒级敏感器等定位领域无需关注,但对于亚角秒及更高精度的影响难以忽略。APS 像素的感光面积只占其全部尺寸的一部分,感光面积与实际尺寸的比称为填充系数。APS 像素主要由两部分构成,即光电转换部分和电路部分。光敏区域面积与整个像素面积之比定义为 APS 的像素填充因子,由于电路的存在,APS 的填充因子必定小于 100%,典型值为 30%～70%。像素填充因子对图像探测器采样效果有直接影响,会影响探测灵敏度和探测精度。因为像素填充因子越大,相同量子效率和光照条件下像素产生的光生电子数就越大,灵敏度也就越高。为了提高填充因子,一般的像素做成 L 形状。如何提高填充因子是 APS 器件研究热点之一,也是提高基于 APS 的测量系统检测精度的重要因素之一。

目前主要采用微透镜结构提高填充因子:在 APS 每个像素的上方安装一个矩形微透镜,它将入射到像素单元的全部光线汇聚到像素中光敏区域,可将填充因子提高到 90% 以上,如图 4-3 所示。

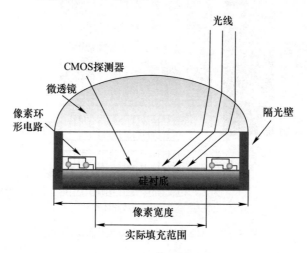

图 4-3 微透镜结构原理

不同形状的像素感光区,其对称性不同,对质心的偏移作用也不同。假设像素的填充系数均为 64%,以下列两种常见的像素感光区为例,研究水平方向和垂直方向不对称性对定位精度的影响。

(1) 正方形感光区

正方形感光区的像素阵列如图 4-4 所示,填充系数为 64%,阴影为像素的感光部分,像素的归一化尺寸为 1,感光区大小为 0.8×0.8。

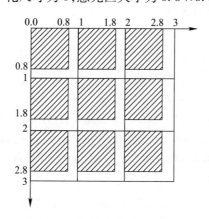

图 4-4 正方形感光区示意图

对各像素感光区的光斑能量进行积分,得各像素的响应见表4-1。

表4-1 正方形感光区的像素阵列(3×3)响应情况

行/列	列1	列2	列3
行1	0.006305	0.045	0.012
行1	0.045	0.322	0.087
行1	0.012	0.087	0.024

正方形感光区像素对质心精度影响的特点为:由于感光区 x、y 轴是对称的,因此质心在 x、y 方向是对称的;由于感光区在左上角,使质心偏右下,偏差为 $(0.093,0.093)$。

(2) L形感光区

L形感光区的像素阵列如图4-5所示,填充系数为64%,阴影为像素的感光部分,像素的归一化尺寸为1,感光区大小为 $0.6×0.6$。

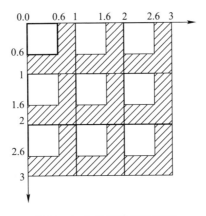

图4-5 L形感光区示意图

对各像素感光区的光斑能量进行积分,得各像素的响应见表4-2。

表4-2 L形感光区的像素阵列(3×3)响应情况

行/列	列1	列2	列3
行1	0.024	0.093	0.02
行1	0.093	0.289	0.047
行1	0.02	0.047	0.003792

L形感光区像素对质心精度影响的特点为:由于感光区 x、y 轴是非对称的,因此质心在 x、y 轴也是非对称的;由于感光区偏右下,使质心偏左上,偏差为 $(-0.104,-0.104)$。

上面的讨论虽然没有穷尽所有感光区的形状特征,但已能够充分说明像素感光区的不同对质心精度的影响。

4.3.2 几何光学像差与色差

通常,光学系统由多个反射镜和透镜组成,能量收集主要由主反射镜或主透镜决定,其他光学部件主要用来调整像的位置、大小和像质。这种光学组合的目的,主要是为了在给定的口径下尽可能地减小像差,以保证无穷远处源的成像是一个点,从而提高信噪比。但是,为让更多的星点参与定位,以及获得更好的动态性能,必须保证较大的视场范围。此种情况下,偏离视场中心的位置图像将很难成像为一个点,至少包含以下几种像差[9-13],其中球差、彗差和畸变的形貌图如图4-6所示。

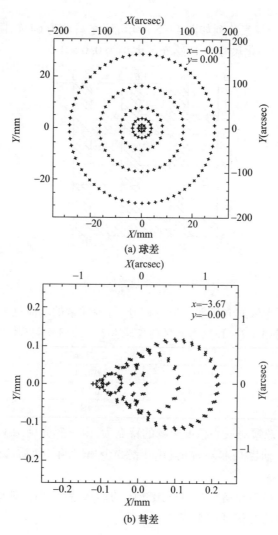

(a) 球差

(b) 彗差

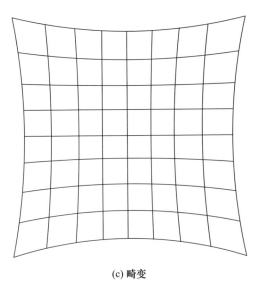

(c) 畸变

图 4-6 几种几何畸变形貌图

(1) 球差。球差指轴上物点发出的光束通过球面透镜时,透镜不同孔径区域的光束最后汇聚在光轴的不同位置,在像面上形成圆形弥散斑的现象。球差是对称像差,但其影响到成像光斑大小,所以在设计时球差也要进行控制。

(2) 彗差。彗差指轴外视场所发出的锥形光束经过光学系统成像后,在理想像面不能成完美像点而对主光线的偏离情况,它表示外视场不同孔径区域的光束聚焦在像面上高度不同,主要与入射角度和入射光能量相关,口径很小的光学系统同样存在彗差。由于彗差的存在,外视场聚焦光斑变大,且产生非旋转对称的像差,会引起质心定位误差,所以光学系统设计中需要严格控制彗差造成的像点不对称。

(3) 像散。像散指轴外物点发出的锥形光束通过光学系统聚焦后,光斑在像面上子午方向和弧矢方向的不一致。像散是因为镜头系统在上下方向和左右方向聚焦能力不同形成的,像散的影响较小,在星敏感器光学系统设计中,像散和离焦像差共同作用引起后续质心定位精度时,为了避免由于振动等原因使焦面位置变动而导致质心位置变化,像散会和离焦像差一起考虑。

(4) 场曲。场曲指平面物体通过镜头,所有平面物点聚焦后的像面不与理想像平面重合,而是呈现一个弯曲的像面的现象。因为场曲保持了光斑重心在主光线上,其在光学系统设计时不作重点考虑。

(5) 畸变。在实际的光学系统中,当视场较大时,像的放大率随视场变化而变化,不再是常数,将使像相对于物失去相似性,描述这种变形缺陷的现象称为畸变。畸变是指主光线与像面相交交点与理想像点的偏差。畸变与所有其他像差有所区别,它是由主光线光路决定的引起像场变形的像差,对成像的清晰度没有影响。在星敏感器光学系统中,畸变像差不仅改变光斑的形状,而且会造成质心位置偏离理想位置,对测量精度造成直接影响。

(6)色差。星敏感器光学系统的光谱范围较宽,光学材料对不同波长的单色光折射率不同。当混合光从光学系统第一个表面折射后,分成各种单色光,随后在光学系统内部以各自的光路传播,造成各单色光之间成像位置和大小的差异,描述这种差异的像差称为色差。

几何畸变的第一个表现是PSF形貌的畸变,呈现空域分布。不同视场处畸变分布并不均匀,边缘位置畸变量可能达到中心视场的10倍以上。

几何畸变第二个表现是像差与恒星的星等和颜色有关。与星等有关的系统差、透镜偏心产生的彗差,以及导星误差引起的星象不对称,都导致了星像几何中心的变化,从而产生星等误差。

在定心过程中,质心细分算法所采用的能量分布函数与光学系统像差分布及大小密切相关。通常基于可解析的Zernike多项式,表征各种初级像差,并研究光学系统像差受限情况下质心细分定位精度受到的影响,以及星像与理想高斯函数分布的差异。

4.3.3 基于能量迭代的窗口自适应调整目标定位

传统星点质心提取算法采用固定窗口进行计算,在星点为理想对称情况下采用固定窗口计算的方式不存在计算偏差。但实际星图的星点受光学系统畸变,PSF误差等因素影响呈现不完全对称情况。最终计算结果与固定窗口选取大小有关,增大计算窗口虽然有助于星点能量的收集,但是扩大计算窗口范围会使边缘像素对质心定位产生严重影响。因此要根据星点能量分布情况,对范围内所有像素点以质心偏差估计最小为条件进行计算,以选取最优的质心计算窗口。

对于传统固定 $M \times M$ 窗口其质心计算公式为

$$\begin{cases} \hat{x} = \dfrac{\sum\limits_{i=0}^{m}\sum\limits_{j=0}^{m} x_i I(x_i,y_j)}{\sum\limits_{i=0}^{m}\sum\limits_{j=0}^{m} I(x_i,y_j)} \\ \hat{y} = \dfrac{\sum\limits_{i=0}^{m}\sum\limits_{j=0}^{m} y_j I(x_i,y_j)}{\sum\limits_{i=0}^{m}\sum\limits_{j=0}^{m} I(x_i,y_j)} \end{cases} \quad (4-60)$$

基于能量迭代的窗口自适应调整目标定位,其变尺度$\{M,N\}$窗口质心计算公式为

$$\begin{cases} \hat{x} = \dfrac{\sum\limits_{i=m_0}^{m_l}\sum\limits_{j=n_0}^{n_l} x_i I(x_i,y_j)}{\sum\limits_{i=m_0}^{m_l}\sum\limits_{j=n_0}^{n_l} I(x_i,y_j)} \\ \hat{y} = \dfrac{\sum\limits_{i=m_0}^{m_l}\sum\limits_{j=n_0}^{n_l} y_j I(x_i,y_j)}{\sum\limits_{i=m_0}^{m_l}\sum\limits_{j=n_0}^{n_l} I(x_i,y_j)} \end{cases} \quad (4-61)$$

令其质心提取位置 s 代表 $(\hat{x},\hat{y})$,构造能量迭代的星点质心提取误差代价函数模型 $J(M;N)$,整个迭代的目标是使得误差代价函数最小,即

$$\min_{\{M;N\}}\left\{J(M;N) = \frac{1}{2}\sum_{i=1}^{k} w_i (s^{(i)} - s_c)^2\right\} \quad (4-62)$$

式中:$s^{(i)}$ 为第 i 次迭代计算的质心位置;s_c 为理想质心位置;w_i 为权重因子 ($w_i > 0$);k 代表迭代次数。整个迭代算法的流程示意图如图 4-7 所示。

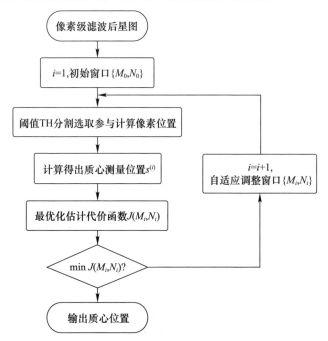

图 4-7 基于能量迭代的窗口自适应调整方法流程示意图

基于能量迭代的窗口自适应调整方法,可针对成像过程中存在的误差所造成的星点分布不均情况,根据实际星点能量分布,对范围内所有像素点以质心偏差估计最小进行计算迭代,最终选取最优的计算窗口,解决传统窗口固定方法的局限性问题,得到最优计算结果。

4.3.4 基于时域扩展序列星图的像素级滤波方法

传统星点质心位置计算方法是根据单帧图像内的像素区域灰度值进行计算,其中各像素点灰度值都叠加了各种随机噪声,使得星点定位精度受到很大的影响,因此有必要在质心计算前对星点区域的灰度值进行有效的滤波去噪。星敏感器在空间相对恒星运动,其星光经光学系统在探测器上的成像是连续帧的运动表现。基于时域扩展序列星图的像素级滤波方法,通过采用光流法对星光成像进行连续帧的时域扩展,从而实现对光流强度的像素级滤波,以达到更为准确的单帧定位结果。

光流是指空间运动物体在观察成像平面上的像素能量的流动或像素灰度值的变化,是利用图像序列中像素在时间域上的变化以及相邻帧之间的相关性来找到上一帧跟当前帧之间存在的对应关系,从而计算出相邻帧之间物体的运动信息的一种方法。光流的研究是利用图像序列中的像素强度数据的时域变化和相关性来确定各自像素位置的运动。研究光流场的目的就是为了从图片序列中近似得到不能直接得到的运动场。相对运动的星光经过成像系统在探测器上的反应可以用光流法进行分析,包含星光强度和连续运动信息。

成像过程中星点运动具有连续性,因此其光流强度对应的灰度值变化也应该相应具有连续性,利用这一性质可以根据连续多帧图像间像素点灰度值变化的连续性,对成像区域内的像素点灰度值进行光流分析滤波,然后再根据滤波后的像素区域进行计算。同时根据光流法分析恒星星光运动信息,选取不同尺度下的滤波窗口,以有效地消除灰度值随机噪声的影响。利用星点运动的连续性,将单帧星图从时间域上进行扩展,分析恒星星光在探测器成像上的光流变化,变尺度选取合适的滤波计算窗口大小,实现像素级的能量滤波。该方法可以有效地剔除随机噪声,突破了传统单帧图像无法有效滤除随机噪声误差的瓶颈,从而提升传统带噪声质心运算的定位精度。

4.3.5 基于 ePSF 模型的目标定位方法

2000 年,美国学者 Anderson 和 King 提出了 ePSF 拟合方法,对哈勃空间望远镜拍摄的同一个欠采样恒星图像进行拟合。Anderson 等认为,为提升天体测量精度,特别是在欠采样图像中,导出尽可能高精度的点扩散函数(PSF)是关键[14-15]。欠采样图像会导致像素相位误差,即系统位置误差,尤其取决于恒星相对于像素边界的位置。Anderson 等指出,天体测量完全依赖于相邻像素值的差异,这意味着模型预测每个单独像素值的能力对于测量恒星位置至关重要。PSF 中的微小误差将直接影响天体测量的精度,换言之,精确的 PSF 可以消除像素相位误差。

1. 点扩散函数(PSF)

PSF 描述的是点源物体所成像的形状,精确的二维 PSF 可用来在线提取算法、减少群聚区域数量、处理亮星等。理想情况下的点光源可用二维高斯函数来表示,改变高斯半径的大小可以改变星点在像面的分布情况。

当成像系统的接收器输入为点光源时,在它的焦平面上所产生的这个点光源的二维分布函数就是一个 PSF,又称仪器点扩散函数(Instrumental Point Spread Function,iPSF)。iPSF 的表达式不能直接得到,实际上光源经过感光探测器所成的像点能量分布已经不是连续的目标像点的映射,而是由一个个像素组成,如图 4-8 所示。

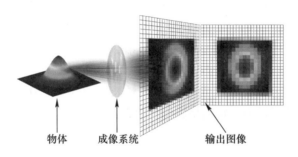

图 4-8 探测器成像原理

因此,恒星图像中的每一个像素值都是以离 iPSF 中心的某个偏移量($\Delta x, \Delta y$)为中心的像素积分的结果。如果在像素(i,j)附近,定义为$x=i,y=j$有一个以(x_*,y_*)为中心的点光源,那么该像素中的光通量将为

$$P_{ij} = f_* \int_{-\infty}^{\infty} \int_{-\infty}^{\infty} \mathbb{R}(x-i, y-j) \times \psi_1(x-x_*, y-y_*) \mathrm{d}x \mathrm{d}y + s_*$$

(4-63)

式中:f_*是表示恒星亮度的通量因子;$\mathbb{R}$是像素的二维灵敏度分布;$\psi_1(\Delta x, \Delta y)$是仪器 PSF,具体地说,是从恒星中心$(x_*,y_*)$偏移$(\Delta x, \Delta y)$落在探测器上光的分量;$s_*$为该像素处的背景值。

接着证明该像素值是 iPSF 和像素灵敏度分布之间卷积的结果。可以移动零点并将式(4-63)写为

$$P_{ij} = f_* \int_{-\infty}^{\infty} \int_{-\infty}^{\infty} \mathbb{R}(x,y) \psi_I(x + \Delta x, y + \Delta y) \mathrm{d}x \mathrm{d}y + s_* \quad (4-64)$$

用 Δx 和 Δy 代替 $i - x_*$ 和 $j - y_*$。用 $-x$ 和 $-y$ 代替 x 和 y，得

$$P_{ij} = f_* \int_{-\infty}^{\infty} \int_{-\infty}^{\infty} \mathbb{R}(-x,-y) \times \psi_I(\Delta x - x, \Delta y - y) \mathrm{d}x \mathrm{d}y + s_*$$

$$(4-65)$$

定义积分

$$\psi_E(\Delta x, \Delta y) \equiv \int_{-\infty}^{\infty} \int_{-\infty}^{\infty} \mathbb{R}(x,y) \times \psi_I(\Delta x - x, \Delta y - y) \mathrm{d}x \mathrm{d}y \quad (4-66)$$

则有

$$P_{ij} = f_* \psi_E(i - x_*, j - y_*) + s_* \quad (4-67)$$

那么 $\psi_E(\Delta x, \Delta y)$ 就称为有效 PSF(ePSF)。

从分析可以看出，ePSF 有以下优势：

（1）拟合简单，可通过最小二乘法不断优化 ePSF。在将 ePSF 拟合到星点图像时，不需要积分。只需在星点图像的每个像素位置求出 ePSF，并通过通量因子来缩放它；相应地，拟合过程包括调整 x_*、y_* 和 f_* 的值，直到残差平方和最小。同样，这个过程不涉及像素的积分，只涉及离散点的求值。

（2）ePSF 计算量小。每幅星图的每个像素在一个离散点上采样 ePSF，根据式(4-65)可得 ePSF：

$$\hat{\psi}_E(\Delta x, \Delta y) = \frac{P_{ij} - s_*}{f_*} \quad (4-68)$$

若已知 x_*、y_* 和 f_* 的值，就可以知道在 $\Delta x = i - x_*$ 和 $\Delta y = j - y_*$ 哪个偏移量，(i,j) 处的像素对 ePSF 进行了采样，以及这个采样是如何缩放的。而传统方案要分别获得隐含的 iPSF 和 $\mathbb{R}$，计算量大。

（3）物理意义明显。ePSF 为离散像素灰度值，含有星点的位置信息，可用于星点定位，不需要对像素内的灵敏度变化做出任何假设。ePSF 简单而又准确地表示了探测器和 iPSF 组合的结果。

2. 基于 ePSF 的高精度定心算法仿真

首先对所有用于 ePSF 建模的星象提取窗口图，以 5×5 的窗口为例获得图像模型，并在图像模型上建立 PSF 模型，在 PSF 模型上建立坐标系，以星象中心为原点，建立新的网格，且与图像模型中每个像素的大小相同，如图 4-9 所示。将图像中多个星点图像的 PSF 模型的零点重合，置于同一坐标系下。

图 4-9 中○代表星象中心,即星点质心,×代表探测器每个像素中心[16]。对图中的网格进一步细分,获取每个网格点周围一定范围内所有采样点的 ePSF 值的集合,将集合内的平均值作为网格点的 ePSF 值。ePSF 值与像素值的关系为

$$\hat{\psi}_E(i-x_c,j-y_c) = \frac{P_{ij}-s_*}{f_*} \quad (4-69)$$

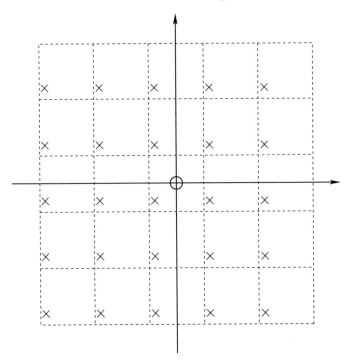

图 4-9 PSF 模型

利用所有格点的 ePSF 值对所有采样点进行插值,根据每个采样点的插值结果对上一次迭代得到的 ePSF 值求残差,第一次迭代时没有上一次 ePSF 值作为参考,因此第一次的残差即为计算得到的 ePSF 值,剔除残差大于一定范围(2.5σ)的采样点,多次迭代直至没有需要剔除的采样点为止。

得到所有网格点的 ePSF 值后,对得到的 ePSF 模型进行平滑滤波处理。求出星象中心坐标的偏移量之后,需要平移 ePSF 模型以保证 PSF 模型的准确。移动时只需要对网格进行整体移动,然后求出新的网格点的 ePSF 值。星象中心 x 坐标的平移方式和偏移量由下式给出,y 方向的偏移和 x 方向具有相似的结果。

$$x_*^{[n+1]} = x_*^{[n]} + \delta x_*^{[n]} \qquad (4-70)$$

$$\delta x_* = \frac{\left[\sum w_{ij}q_{ij}R_{ij}\left(\frac{\partial \psi_{ij}}{\partial x}\right)\right]\left[\sum w_{ij}q_{ij}\left(\frac{\partial \psi_{ij}}{\partial x}\right)^2\right] - \left[\sum w_{ij}q_{ij}R_{ij}\left(\frac{\partial \psi_{ij}}{\partial y}\right)\right]\left[\sum w_{ij}q_{ij}\left(\frac{\partial \psi_{ij}}{\partial x}\right)\left(\frac{\partial \psi_{ij}}{\partial y}\right)\right]}{f_*\left\{\left[\sum w_{ij}q_{ij}\left(\frac{\partial \psi_{ij}}{\partial x}\right)^2\right]\left[\sum w_{ij}q_{ij}\left(\frac{\partial \psi_{ij}}{\partial y}\right)^2\right] - \left[\sum w_{ij}q_{ij}\left(\frac{\partial \psi_{ij}}{\partial x}\right)\left(\frac{\partial \psi_{ij}}{\partial y}\right)\right]^2\right\}}$$

$$(4-71)$$

经过多次迭代和平滑的过程,就可以得到一组平滑的网格点的值,完成 ePSF 模型的建立以及星点质心的定位。根据 ePSF 对 PSF 测量的方法,模拟生成星点图像,对生成的模拟图像用 ePSF 方法进行 PSF 测量。

由于星敏感器光学系统的畸变等原因,视场不同范围内的 PSF 形貌不完全一致,存在视场空间低频误差,因此,选择在小视场范围内采集一定数量的图像数据进行仿真和实验分析。根据星敏感器低频误差空间分布规律,设定生成 150 个位置的图像,100 个位置数据用于 ePSF 建模,50 个位置数据用于星点质心定位测试。

ePSF 模型重构结果和 PSF 真值模型如图 4-10 所示。将得到的 PSF 重构结果与 PSF 模型真值比对分析模型误差,误差分布如图 4-11 所示,模型误差为 0.0016。误差分布图表明,模型误差星象中心区域误差绝对值大于星象边缘区域,本书使用的模型误差加权公式保留了误差绝对值较大的区域,能够准确反映 ePSF 模型重构的误差水平。

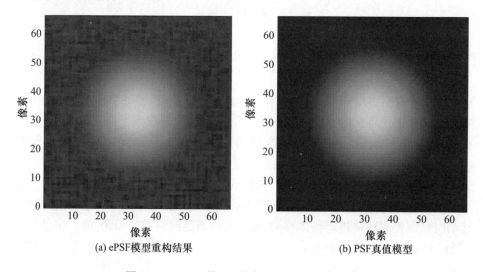

(a) ePSF模型重构结果　　(b) PSF真值模型

图 4-10　ePSF 模型重构结果和 PSF 真值模型

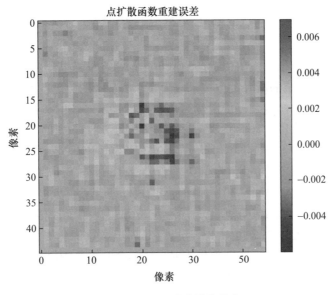

图 4-11 PSF 重建误差分布

进一步对 ePSF 模型重构结果进行定心精度分析,对剩余 50 个位置图像进行星点拟合,利用拟合法评估定心精度,定心精度为 0.0064 像素,定心误差曲线如图 4-12 所示。

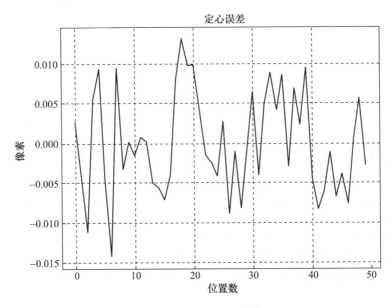

图 4-12 定心误差曲线

4.4 本章小结

突破光学系统衍射极限的探测和测量技术始终是光电测量学科领域的研究热点之一,光学系统的质心定位技术成为光学测量中的关键技术。

成像星点定位精度是评价定位算法和校正技术好坏的关键指标,也是提升建模水平的有效手段。作为估计极限精度的有效理论,CRLB能够获得成像系统恒星的极限。20世纪80年代以来,通过CRLB理论研究,国外已获得了恒星参数估计的极限精度,推动了空间天文仪器如Hipparcos、HST、Spitzer、GAIA等以及天文导航器件如AST-301、HAST等的成功研制。

一方面,CRLB精度极限理论为质心定位方法提供了评估工具;另一方面,为了达到更高精度,CRLB也对PSF设计、非理想参数优化提供了理论指导:当视场内不同位置的星点形貌畸变较大时,基于ePSF方法的星点质心定位方法能够有效提高定心精度,可以有效降低视场畸变对标定的影响。

参考文献

[1] 魏新国,张广军,江洁. 星敏感器中星图图像的星体细分定位方法研究[J]. 北京航空航天大学学报,2003,29(9):812-815.

[2] 谢伦治,卞洪林,王振华. 面阵探测器的像点亚像素定位研究[J]. 光学与光电技术,2003,1(2):51-56.

[3] 张新宇,郝云彩. 星敏感器星点能量分布数学模型及其对精度的影响分析[J]. 空间控制技术与应用,2013,39(3):14-18.

[4] 原玉磊,朱勇兴. CCD图像星点质心不同提取算法的应用分析[J]. 信息工程大学测绘学院第五届博士生学术论坛文集,2010:105-108.

[5] ZHANG Jun,HAO Yuncai,WANG Li,et al. Studies on dynamic motion compensation and positioning accuracy on star tracker[J]. Applied Optics,2015,54(28):8417-8424.

[6] 宋勇,郝群,王涌天,等. CMOS图像探测器与CCD的比较及发展现状[J]. 仪器仪表学报,2001,22(3):388-389.

[7] 安毓英,刘继芳,李庆辉. 光电子技术[M]. 北京:电子工业出版社,2002.

[8] SEITZ P. Solid-State Image Sensing[M]. New York:Academic Press,2000.

[9] 张晨,陈朝阳,沈绪榜. APS星跟踪器探测灵敏度研究[J]. 光电工程,2004,31(10):7-20.

[10] 赵超. 星敏感器光学系统设计[D]. 长沙:国防科学技术大学,2016.

[11] 刘海波,谭吉春,沈本剑,等. 像差对星敏感器星点定位精度的影响[J]. 光学技术,2009,35(3):471-473.

[12] 孙婷,邢飞,尤政. 高精度星敏感器光学系统误差分析[J]. 光学学报,2013,33

(3):260-268.
[13] 何贻洋,王宏力,陆敬辉,等. 大视场星敏感器光学畸变对焦距标定影响建模分析[J]. 电光与控制,2016,23(1):53-56.
[14] ANDERSON J,KING I R. Toward High·Precision Astrometry with WFPC2. I. Deriving an Accurate Point. Spread Function[J]. PASP,2000,1-12:1360-1392.
[15] ANDERSON J,KING I R. An Improved Distortion Solution for the Hubble Space Telescope'S WFPC2[J]. PASP,2003,115:113-131.
[16] MENG Xiaodi,WU Yanpeng,WANG Miaomiao,et al. Research on the Accuracy Evaluation Method of ePSF Model Reconstruction[C]//ICCC,2020 IEEE 6th International Conference on Computer and Communications,2020.

第 5 章
指向测量仪器标定方法

空间指向测量仪器在实际工作中存在安装误差、加工装配误差、热变形、星象中心偏移、焦距变化以及成像畸变等多种误差源,实际在轨工作时还会受到航天器和空间环境的影响,对其测量精度产生影响。传统的空间指向测量仪器的标定主要有两个方面[1-2]:一是装配及安装过程的标定,主要用于确定星敏感器光学系统坐标系与飞行器本体坐标系间的关系;二是光学系统的标定,主要用于确定星象中心坐标、实际成像焦距及成像畸变差。

为了实现高精度的指向测量,在传统的标定方法和标定流程上,还需要进行精细化的跨尺度标定,主要包括:像素级的探测器像素位置误差标定、视场级指向测量仪器的整机标定、轨道级标定。

5.1 跨尺度标定方法

空间高精度指向测量仪器的标定主要包括 3 个方面,即像素级标定、视场级标定、轨道级标定等。

1. 像素级标定

在亚角秒级指向测量精度水平,探测器像素空间高频误差与视场空间低频误差为同一量级,像素空间高频误差的地位突显出来,甚至有将低频误差覆盖的趋势。对于当前指向测量仪器,以光轴指向测量精度为亚角秒级的超高精度星敏感器为例,像素空间的标定误差为亚角秒,远高于实现高测量精度所需的指标,即像素空间的标定误差优于 0.001″。因此,若要通过标定进一步提升单星定位精度,则首先必须降低像素空间高频误差;否则无法辨识出低频误差。像素空间中像素响应不均匀性和像素位置偏差等高频误差的标定结果,决定了视场空间低频误差标定水平,最终影响单星定位精度以及指向测量精度。像素级标定主要针对探测器响应不均匀性等误差进行标定,以减小高频误差的影响。

2. 视场级标定

视场级标定是对空间指向测量仪器的指向测量模型参数和误差进行识别的过程,包括光学系统的焦距、主点和镜头的畸变等。通过标定的方法对指向测量精度的关键影响参数进行估计,建立相应的补偿模型,将空间指向测量仪器的指向测量精度提高到预期指标水平。

3. 轨道级标定

轨道级标定指对星敏感器等空间指向测量仪器的在轨漂移等误差进行辨识和补偿的过程。

指向测量仪器的地面标定比较容易实现,但高精度的标定需要精密的试验设备和试验环境,且标定设备之一的星模拟器核心部件——光阀等受到国内研制水平低、国外限制出口等因素制约,对高精度的地面标定存在一定的影响。由于地面难以准确模拟星敏感器实际工作环境,在星敏感器随航天器发射的过程中受到振动等因素影响,星敏感器各项参数可能发生变化,因此需要为指向测量仪器提供一种有效、可靠的在轨标定方法。

5.2 空间指向测量仪器像素级标定

5.2.1 探测器性能测试参数

20 世纪 60 年代,美国贝尔实验室提出固态图像探测器的概念,从此以后固态图像探测器的研究与应用得到了迅速发展,目前广泛应用于消费市场和科研生产的固态图像探测器有 CCD 和 CMOS 图像探测器。1967 年,NASA 喷气推进实验室研制出 CMOS 图像探测器,但受限于集成电路设计和制造工艺的发展不够成熟,导致 CMOS 的性能较差,而没有广泛应用。1969 年,美国贝尔实验室提出并成功研制了首款 CCD 图像探测器,其高均匀性、高灵敏度、低暗电流和小像元等优点,使其迅速广泛应用于消费市场和科研领域。20 世纪 90 年代,CCD 图像探测器的制造工艺日趋成熟,同时其缺点也逐渐显现,而随着集成电路设计和制造工艺的发展,CMOS 图像探测器性能得到了明显提升,且相比 CCD 图像探测器具有低成本和低功耗的优势,广泛应用于消费市场和科学研究中。

由于 CCD 和 CMOS 各具优点,因此在天文观测和宇航应用中都有广泛使用,本节将对 CCD 和 CMOS 两种图像探测器的关键性能参数及标定方法进行介绍。图像探测器的关键性能参数主要是指对测量系统、探测系统性能等有重要影响的参数,下面分别介绍关键参数的概念、意义以及其测量的原理及方法。

欧洲机器视觉协会(EMVA)1288 标准[3]是欧洲机器视觉协会针对机器视

觉应用的单色和彩色相机、图像探测器性能参数测量而制定的一个标准,提出的背景就是基于相机或图像探测器在实际使用环境下与生产厂家提供的使用手册不同,用户在使用时性能参数会有所变化,因此,为元件的生产厂家及使用者对相机和图像探测器性能参数的测量和标定提供了较强的理论基础和测量依据。

根据该标准描述的参数模型,用户可以搭建测量平台,但是必须满足以下几个基本前提假设。

(1) 入射到待测 CCD 芯片像素上的光子数只取决于入射光的辐照度 $E(W/m^2)$ 和曝光积分时间 $t_{exp}(s)$。

(2) 探测器必须是线性的,即输出端灰度值 y 随着入射光子数增加而线性增加。

(3) 所有的噪声源都是白噪声,并且在时间上和空间上都是随机的,即所有关于噪声的参数都不随时间和空间变化。

(4) 光电转换电荷数的波动符合泊松分布统计规律。

(5) 参数中只有总的量子效率与波长(频率)有关,不同波长(频率)的光产生的总体效应是线性叠加的。

(6) 暗电流参数仅与温度有关。

以上的几条基本假设描述了理想相机和图像探测器的特性,实际的图像探测器或多或少会与理想模型有偏差。但是,只要这个偏差很小,EMVA1288 标准就可以用来测量图像探测器的性能参数,并且通过该标准给出的测量方法就能测量出这个偏差。如果这个偏差很大,测量得出的数据没有实际意义。

如果待测相机或图像探测器不满足上述的两个模型。例如,对深紫外波长入射光敏感的相机,受到单个光子照射后会产生多于一个的光电子,以及现在流行的 EMCCD,即电子倍增 CCD,EMVA1288 标准将不能用来测量它们的性能参数。

在 EMVA1288 标准中,除了介绍待测量参数的定义、测量方法等内容外,还给出了测量结果报告的形式。在测量结果报告中,要求列出待测 CCD 芯片的类型、厂家等基本信息,而且对于 CCD 芯片读出电路的基本信息,如读出频率、数据接口等也要进行说明,最后 EMVA1288 标准中还给出了规定的参数列表(表 5 - 1)。

表 5 - 1 EMVA1288 标准可选测量参数

参数类型	是否必须测量	单位
量子效率 η	是	指定中心波长
系统增益 $1/K$	是	e - /DN

续表

参数类型	是否必须测量	单位
暗噪声	是	DN、e-
暗信号响应非均匀性	是	DN、e-
信噪比 SNR_{max}	是	dB、bits
$SNR_{max} - 1$	是	%
光子响应非均匀性	是	%
非白噪声系数 F(50%曝光)	是	—
非线性度误差 LE	是	%
绝对灵敏度阈值	是	中心波长下
饱和容量	是	中心波长下
动态范围 DR	是	dB、bits
暗电流	是	DN/s、e-/s
双倍温度常数 T_d	否	—

表5-1列出了EMVA1288标准中给出的待测量CCD芯片的基本信息,此外,EMVA1288标准还给出了部分结果的图表表现形式。例如,最后测量结果还要包括以下图表。

(1) 光子转换曲线图。

(2) 信噪比SNR曲线图。

(3) 与光谱相关的测量曲线图,如量子效率随波长变化曲线。

由表5-1可以看出,EMVA1288标准中要测量的参数列表里,都包含了本书要测量的CCD芯片的关键性能参数。

在进行像素级的像素空间误差标定前,需要依据EMVA1288标准对成像探测器进行关键性能参数测试,测试方法参考EMVA1288标准。

5.2.2 探测器像素空间误差

像素空间误差多来自于像素非均匀性,包括像素响应非均匀性(PRNU)和像素位置分布非均匀性。由于像素的复杂微观结构(感光材料的透明度、上层材料的表面状态和反射系数、单个像素感光区域面积)差异,以及像素之间的电荷扩散、串扰等效应,导致像素的光电子传输、扩散和散射特性不同,产生了像素响应非均匀性[2,4],为了解图像探测器的科学成像能力,需要描述其像素内响应灵敏度的变化。一般来说,CCD的PRNU效应较好,而阵列规模较大的CMOS APS器件PRNU指标相对较差。

像素位置分布非均匀性,由 Shaklan 等[1]于 20 世纪 90 年代提出,他们将这种偏差称为像素位置分布的显著步进重复误差。像素位置偏差是在阵列式图像探测器生产过程中,由于微观工艺水平限制,导致像素偏离理想网格分布的微像素平移。

1994 年,Jorden 等[5]对探测器内像素响应变化进行了研究,证明图像探测器像素响应非均匀性的存在,即像素内不同区域对入射光子的响应存在区别,像素内量子效率的差异普遍存在。

20 世纪末期,研究人员开始对探测器像素的响应非均匀性进行建模分析,Daniel Kavaldjiev 等[2]最先提出了用像素响应函数(pixel response function,PRF)来表征像素内不同位置处的光敏微元对入射光的响应能力。通过扫描反射式显微镜,在亚像素尺度上对两种前照式 CCD 探测器的响应灵敏度变化进行了测量。

2010 年,Shao 等[6-9]基于 NASA 的"空间干涉计划"(space interferometry mission,SIM),提出一种利用差频激光束产生动态干涉条纹对图像探测器进行标定的方法。该方法利用固定在主镜上的光纤射出激光照射探测器焦平面,形成差频激光干涉条纹图像。相比于 Shaklan 实验装置的单组光纤对和静态条纹,Shao 等使用不同的光纤组合进行探测器标定,由于每对光纤间存在着几赫兹的频差,从而在焦平面上形成移动的平行条纹,如图 5-1 所示。像素的灰度输出变化曲线为正弦信号,测量任意像素上的正弦曲线的相位,并与某个参考像素上测量的相位进行比较,可以得到测量像素在平行于条纹运动方向上的相对位置。

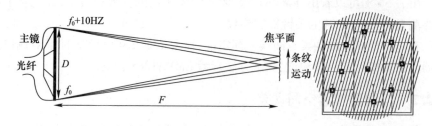

图 5-1 差频激光干涉条纹标定探测器像素

差频激光干涉标定法的仿真标定精度可达到 3×10^{-5} 像素,同时在实验中得到了优于 1.5×10^{-3} 像素位置偏差标定精度。Shao 等在实验结果中指出,为了获得更高的星点定心精度,需要同时考虑像素位置偏差、像素内响应和像素间响应非均匀性,其中像素位置偏差的标定结果对于星点定位精度影响显著,为微像素级别的星点定心精度的研究奠定了基础。

2011年,欧洲航天局提出了近地探测空间望远镜项目(nearby earth astrometric telescope,NEAT)[10-13],对探测器像素标定的理论和实验研究进行了拓展,建立了一套探测器标定以及微像素质心定位实验装置,并开展了相关的实验研究。NEAT项目吸纳了许多SIM的实验人员,并继承了SIM团队提出的差频激光干涉标定法[14-19]。与喷气推进实验室的实验设备不同,该标定系统使用集成光学器件,减少了实验元器件的数量,提高了标定效率。

2015年,美国德雷珀实验室搭建了基于宽谱带LED点光源的像素响应函数测试装置,测量了ISIE-11型背照式CMOS的像素响应函数,并分析了像素响应函数对过采样点扩散函数(PSF)的影响,证明了增强型CMOS相机的像素响应函数对入射点光源有着更好的反馈性质[20]。

2018年,美国罗切斯特理工学院成像科学中心利用点扫描技术,对开普勒成像系统上使用的E2VCCD90图像探测器的内像素响应函数(IPRF)进行了测量[21]。内像素响应函数的测量结果如图5-2所示。该研究证明了像素响应灵敏度在其中心附近最强,在像素边缘附近不太敏感,响应差异高达50%;像素响应的灵敏度还依赖于波长,在较短的波长上表现出较大的扩散范围。

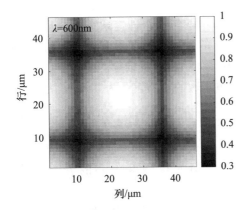 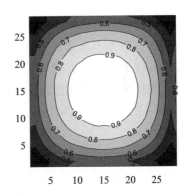

图5-2 内像素响应函数测量结果(单位:μm)

同年,比利时鲁汶大学天文研究所对一种前照式CMOS探测器的像素响应函数进行了测量[22]。通过选取一个25像素大小的像面区域,对单个像素及其相邻像素上用光栅扫描形成光斑,将单个像素测量的信号作为光斑位置的函数,通过iPSF和IPRF的卷积得到像素响应函数模型。实验获得的像素响应函数二维和三维模型如图5-3所示。

近年,北京控制工程研究所同样进行了探测器像素误差标定的理论及实验研究,基于微观成像链路,建立了像素内响应不均、像素间响应不均、像素位置偏差等物理模型,对在像素、亚像素尺度引入的整机高频误差进行了系统建模与仿

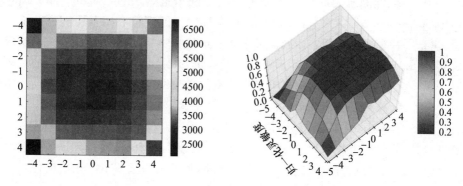

图 5-3 扫描像面及像素响应函数拟合模型

真,经过误差溯源,对像素尺度误差项的标定技术及方法进行研究,结合激光外差干涉技术、电光调制技术、相位解算方法,对上述高频误差源进行了高精度标定。

5.2.3 像素空间误差标定方法

针对像素响应不均匀性和像素位置分布不均匀性两种像素空间误差,基于双频动态激光干涉装置的像素空间误差标定的过程包括像素响应模型构建、像素空间误差影响仿真研究、标定系统设计和具体标定过程推导。

描述图像探测器像素(m,n)输出的光电子数的模型表示为

$$I_{mn}(x_c,y_c) = \int_{-\infty}^{\infty}dx\int_{-\infty}^{\infty}dy I(x-x_c,y-y_c)Q_{mn}(x,y) \quad (5-1)$$

式中:(x,y)是以像素中心为原点的坐标;$Q_{mn}(x,y)$为像素(m,n)的响应函数;$I(x,y)$为入射光场强度函数;(x_c,y_c)为入射光场强度中心的分布位置;$I_{mn}(x_c,y_c)$为像素(m,n)输出的光电子数。

对于微像素级别的质心估计,应考虑像素响应的两种不均匀性,对像素响应函数进行建模来描述这种差异。对像素响应函数的实测研究表明,图像探测器像素响应函数形式比较复杂,具体到一个像素中表现为:像素中心部分感光能力强,对入射光子转换成光电子的能力比较强,越靠近像素边缘位置感光能力越弱,但在像素边缘并不会下降为零。因此,使用高斯函数乘以低阶多项式(最高达4阶)表示像素响应函数,即

$$Q(x_s,y_s) = \exp\left(\frac{-(x_s^2+y_s^2)}{r_g^2}\right) \times [c_0 + c_1 x_s + c_2 y_s + c_3 x_s^2 + c_4 y_s^2 + \cdots]$$

$$(5-2)$$

式中:(x_s,y_s) 为像素内沿 x、y 轴方向微像素单位的坐标,原点位于像素的中心;r_g 为决定响应函数值的大小;多项式系数 c_i 为不同像素响应不均匀性的参数。对于星点光源在探测器上的光场强度分布函数 $I(x,y)$ 可以视为点扩散函数,根据电磁学知识可知,PSF 和焦平面电场 $E(x,y)$ 的平方成正比,即满足

$$I(x,y) \propto |E(x,y)|^2 \quad (5-3)$$

由傅里叶光学可知,$E(x,y)$ 通过傅里叶变换与孔径函数 $P(x',y')$ 联系在一起,即满足

$$E(x,y) = N \int_{-\infty}^{\infty} dx' \int_{-\infty}^{\infty} dy' P(x',y') E_i(x',y') \exp\left\{\frac{i2\pi}{\lambda f}(xx'+yy')\right\} \quad (5-4)$$

式中:(x',y') 为入射光瞳平面的坐标;N 为归一化因子;λ 为光的波长;f 为光学系统透镜的焦距;$E_i(x',y')$ 为入射光瞳平面的电场强度;$P(x',y')$ 为孔径函数,孔径内 $P(x',y')$ 为 1,孔径外为 0。

令 $(k_x,k_y) = 2\pi/(\lambda f)(x',y')$,式(5-4)变为

$$E(x,y) = N \left(\frac{\lambda f}{2\pi}\right)^2 \int_{-\infty}^{\infty} dk_x \int_{-\infty}^{\infty} dk_y P\left(\frac{\lambda f}{2\pi}k_x,\frac{\lambda f}{2\pi}k_y\right) E_i\left(\frac{\lambda f}{2\pi}k_x,\frac{\lambda f}{2\pi}k_y\right) e^{i(k_x x+k_y y)} \quad (5-5)$$

式中:(k_x,k_y) 为二维的空间频率矢量。式(5-5)可看作一个标准的二维逆傅里叶变换,二维逆傅里叶变换可表示为

$$F\{E(x,y)\} = B \cdot P\left(\frac{\lambda f}{2\pi}k_x,\frac{\lambda f}{2\pi}k_y\right) E_i\left(\frac{\lambda f}{2\pi}k_x,\frac{\lambda f}{2\pi}k_y\right) \quad (5-6)$$

由于光学系统的孔径有限,当孔径函数满足 $|x'|>D/2$、$|y'|>D/2$ 时,$P(x',y')=0$,其中 D 为光学系统透镜的直径。根据空间频率矢量 (k_x,k_y) 与入射光瞳平面的坐标 (x',y') 的关系,可知当 $|k_x|>\pi D/\lambda f$、$|k_y|>\pi D/\lambda f$ 时,$F\{E(x,y)\}=0$,故 $E(x,y)$ 为一个二维的带限信号。$|E(x,y)|^2$ 的傅里叶变换可以看作 $E(x,y)$ 自身共轭的傅里叶变换作卷积,$|E(x,y)|^2$ 因此也是一个带限信号。$I(x,y)$ 与 $|E(x,y)|^2$ 成正比关系,$I(x,y)$ 同样为带限信号,带宽被限制为 $|k_y|<2\pi D/(\lambda f)$,$|k_y|<2\pi D/(\lambda f)$ 是 $E(x,y)$ 的 2 倍。

对于微像素水平的定心精度,不能忽略 $Q_{mn}(x,y)$ 的内像素变化。因此,像素输出值模型重写为

$$I_{mn}(x_c,y_c) = \int_{-\infty}^{\infty} dk_x \int_{-\infty}^{\infty} dk_y \tilde{I}(k_x,k_y) \tilde{Q}_{mn}(k_x,k_y) e^{i(k_x((m+1/2)a-x_c)+k_y((m+1/2)a-y_c))} \quad (5-7)$$

式中:a 为像素的尺寸;$\tilde{I}(k_x,k_y)$ 为入射光强函数 $I(x,y)$ 的傅里叶变换;$\tilde{Q}_{mn}(k_x,k_y)$ 为像素(m,n)的像素响应函数的傅里叶变换;两者之间的关系为

$$I(x,y) \equiv \int_{-\infty}^{\infty} dk_x \int_{-\infty}^{\infty} dk_y \tilde{I}(k_x,k_y) e^{i(k_x x + k_y y)} \quad (5-8)$$

$$\tilde{Q}_{mn}(k_x,k_y) \equiv \int_{-\infty}^{\infty} dx \int_{-\infty}^{\infty} dy Q_{mn}\left(\left(m+\frac{1}{2}\right)a+x,\left(n+\frac{1}{2}\right)a+y\right) e^{i(k_x x + k_y y)} \quad (5-9)$$

当探测器所有像素的响应函数均相同时,有

$$Q_{mn}\left(\left(m+\frac{1}{2}\right)a+x,\left(n+\frac{1}{2}\right)a+y\right) = Q_{00}\left(\frac{a}{2}+x,\frac{a}{2}+y\right) \quad (5-10)$$

此时,$\tilde{Q}_{mn}(k_x,k_y)$ 不再由像素的位置(m,n)决定,式(5-9)变为

$$\tilde{Q}_{mn}(k_x,k_y) = \tilde{Q}_{00}(k_x,k_y) \quad (5-11)$$

将式(5-11)代入式(5-7),得到

$$I_{mn}(x_c,y_c) = \int_{-\infty}^{\infty} dk_x \int_{-\infty}^{\infty} dk_y \tilde{I}(k_x,k_y) \tilde{Q}_{00}(k_x,k_y) e^{i(k_x((m+1/2)a-x_c)+k_y((n+1/2)a-y_c))}$$

$$(5-12)$$

定义一个 ePSF 为

$$\bar{I}(x,y) = \int_{-\infty}^{\infty} dk_x \int_{-\infty}^{\infty} dk_y \tilde{I}(k_x,k_y) \tilde{Q}_{00}(k_x,k_y) e^{i(k_x x + k_y y)} \quad (5-13)$$

在实际情况下,探测器每个像素的像素响应函数其实是有区别的,因此需要对每个像素的响应函数进行区分,像素(m,n)的 ePSF 为

$$\bar{I}_{mn}(x,y) = \int_{-\infty}^{\infty} dk_x \int_{-\infty}^{\infty} dk_y \tilde{I}(k_x,k_y) \tilde{Q}_{mn}(k_x,k_y) e^{i(k_x x + k_y y)} \quad (5-14)$$

像素响应函数 $Q_{mn}(x,y)$ 一般取决于像素的位置(m,n),定义一个平均响应函数为

$$\bar{Q}(x,y) \equiv \frac{1}{N^2} \sum_{m,n} Q_{mn}\left(\left(m+\frac{1}{2}\right)a+x,\left(n+\frac{1}{2}\right)a+y\right) \quad (5-15)$$

式(5-15)的傅里叶变换为

$$\tilde{\bar{Q}}(k_x,k_y) \equiv \int dx \int dy \bar{Q}(x,y) e^{i(k_x x + k_y y)} \quad (5-16)$$

对式(5-14)进行分析,可知 $\bar{I}_{mn}(x,y)$ 的时域变化是一个正弦函数,它的幅值和相位数值可以用来还原频域下的像素响应函数 $\tilde{Q}_{mn}(k_x,k_y)$,将像素响应

函数展开成以下的泰勒级数，即

$$\tilde{Q}_{mn}(\boldsymbol{k}_x,\boldsymbol{k}_y) = \tilde{Q}_{mn}(0,0)\exp\{\mathrm{i}[\boldsymbol{k}_x(x_{mn}+\Delta x_{mn})+\boldsymbol{k}_y(y_{mn}+\Delta y_{mn})]\} \times$$
$$[1+q_{mn1}\boldsymbol{k}_x^2+q_{mn2}\boldsymbol{k}_y^2+q_{mn3}\boldsymbol{k}_x\boldsymbol{k}_y+q_{mn4}\boldsymbol{k}_x^3+q_{mn5}\boldsymbol{k}_y^3+q_{mn6}\boldsymbol{k}_x^2\boldsymbol{k}_y+q_{mn7}\boldsymbol{k}_x^2\boldsymbol{k}_x\cdots]$$
(5-17)

如式(5-17)所示，利用泰勒级数展开，可以方便地用空间频率矢量的幂级数参数表示像素响应函数的傅里叶变换。像素间变化的前阶效应是平均像素响应或平场响应，可以通过测量均匀电子场响应得到，表示为式中的 $\tilde{Q}_{mn}(0,0)$；1 阶校正系数 $(\Delta x_{mn},\Delta y_{mn})$ 是像素相对于理想网格位置 (x_{mn},y_{mn}) 的偏移量，即像素位置偏差；2 阶校正系数 q_{mn1}、q_{mn2}、q_{mn3} 是空间频率矢量的二次多项式，代表不同像素响应函数形状的差异；q_{mn4}、q_{mn5}、q_{mn6}、q_{mn7} 则是空间频率矢量的 3 次多项式。

5.2.4 探测器像素空间误差标定实验

双频动态激光干涉可实现探测器像素空间误差标定，该方法通过将激光分束，并对分束激光进行相位调制，使两束激光在探测器上产生动态干涉条纹，对干涉条纹进行解算，得到探测器像素空间误差后果。

双频动态激光干涉标定装置的原理图如图 5-4 所示。

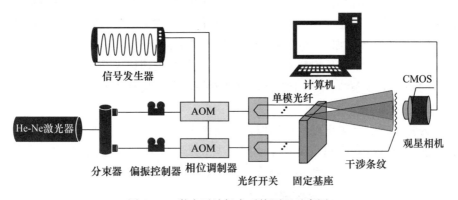

图 5-4 激光干涉标定系统原理示意图

He-Ne 激光器产生稳频激光通过激光分束器，分为两束同频率、同相位的相干光束；经过偏振控制器后，分别进入两个相位调制器（acousto-optic modulator，AOM）中；利用信号发生器产生驱动频率控制 AOM，使激光产生一定的频移，使得两束激光间获得稳定的频差，分别作为参考光束与被测光束；通过选择不同组合的光纤对，同时确保光纤端口之间的距离要足够小，能够在待测探测器表面产生不同空间频率的干涉条纹。在该标定装置中，探测器表面每个测量点的光强随着相移量作正弦变化,如果在相移变化中观察干涉图,可以看到条纹将穿越整个视场,形成杨氏动态干涉条纹。正弦波图案是由两个远距离激光测量光束的干涉条纹形成的,在探测器的空间延伸上接近于平面波。

简化后的双频激光干涉原理示意图如图5-5所示,其中a、b分别为两个光纤端口在x、y轴方向的基线距离,D为干涉距离。

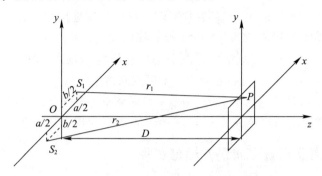

图5-5 双频激光干涉原理示意图

微晶玻璃和光学平台为整个实验系统提供支撑、固定和隔振等功能,He-Ne激光器产生稳频激光,经过光隔离器和光纤耦合器,将激光源注入单模光纤中;偏振控制器对入射激光进行一定程度的偏振控制,使激光在探测器表面形成的干涉条纹对比度提高;信号发生器提供驱动频率信号,通过相位调制器输入光纤,使光纤出射激光间产生频差,在探测器表面形成动态干涉条纹。

光纤端口固定在反射镜外壳边缘,通过光纤开关切换光纤对,产生不同空间频率的动态干涉条纹,采用干涉标定算法对探测器采集到的图像数据进行处理,得到标定结果。

为验证标定结果正确性评估像素空间误差对星点定心算法的影响,实验装置增加了卤素灯光源和石英光纤,用于在探测器上产生模拟星点,对比标定前后的星点定心精度,验证像素标定结果。标定平台部分的三维模型如图5-6所示。

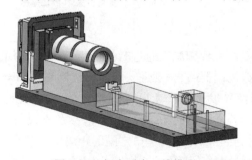

图5-6 标定平台三维模型

标定实验精度直接受机械振动、杂光、温度和空气扰动的影响,需对干扰因素进行综合分析并采取适当的抑制手段。

机械振动包括实验室地面固有振动,人员走动以及开关门、墙壁碰撞等通过地面传来的外部振动,以及仪器工作产生的内部振动等。系统之外的振动通过支撑结构的隔振腿衰减,系统内部的振动依靠桌面阻尼来隔绝。为了降低机械振动的干扰,实验室选用大理石平台作为实验系统的主要支撑结构,其优点在于隔振能力强、稳定性高、无塑性变形;放置全钢构造的光学平台,提高热稳定性;探测器、光纤的连接件与固定件均采用低膨胀系数材料制作,减少支撑系统的热膨胀和振动波的传输。

探测器像素标定系统属于暗弱目标标定系统,对杂光十分敏感。杂光噪声会降低探测器成像对比度和信噪比,严重时会使条纹图像被完全覆盖,标定实验无法完成。环境杂光主要来源于仪器设备的辐射光、光学元器件破损或制作缺陷产生的反射光、环境室光等。实验系统消除杂光的措施包括搭建暗室、密闭实验环境、对容易反射光线的器件表面进行遮挡等。

环境温度过高会导致实验器件结构发生热膨胀,对光学系统产生比较大的影响,如造成光纤端口的出射方向改变、影响激光的输出特性等;光路中的光学镜片等元器件在温度变化较大的情况下会发生轻微形变,影响光路的光程差;电路板产生的热量直接影响探测器热噪声,会对标定实验精度造成比较大的干扰。为了降低温度对实验的影响,实验室加装空调从而保持室温,选用低膨胀系数材料制作系统结构件,通过软件控制探测器内部的制冷风扇,使其工作在较低的温度范围内。

实验室内空气扰动主要原因为实验室内热源不均匀,引起热力扰动、空气对流和空气摩擦。空气折射率的变化对激光波长的影响十分明显,空气抖动也会干扰激光束的光程差。在实验过程中需要对实验环境进行封闭,以减少空气对流。

5.3 空间指向测量仪器视场级标定

星敏感器地面标定是指在完成装配后,利用地面设备等对整机进行标定实验。由于航天技术的特殊性,对星敏感器的标定多采用地面测试、星图模拟的方法来进行,主要标定安装误差、加工装配误差、电子线路误差和光学系统误差,如CCD平面的倾斜角和旋转角、镜头畸变、焦距测量误差等[23]。

视场级标定针对光学系统焦距、主点等参数进行标定,根据标定过程的不同,可分为内部参数法和单星标定方法。内部参数法是指将光学系统焦距、主点和像面倾斜等参数逐项进行测量的过程,该方法过程清晰,物理意义明确;单星标定方法将光学系统参数描述成一个测量模型,通过最小二乘法拟合测量模型,得到标定结果,该方法过程简单,易于实现。FGS 是不同于星敏感器的指向测量仪器,主要用于天文领域,作为对比,还将介绍 FGS 的视场标定方法。

5.3.1 内部参数法

1. 内部参数法主要参数

(1) 噪声等效角。噪声等效角(NEA)是衡量星敏感器精度性能的关键指标之一,也是星敏感器标定的重要参考基准之一。噪声等效角是在成像和星点质心提取过程中,质心提取结果与实际成像位置偏差造成的恒星入射矢量角度的偏差。在星敏感器对恒星的感知过程中,恒星目标、背景辐射、光电探测器及信号处理和提取等多个环节都会影响系统对目标信号的提取质量。除上述光学系统的误差外,恒星的星等和光谱、大气透过率、背景辐射、成像探测器噪声和量子效率等参数都会对星敏感器的星点提取精度产生影响。

在星敏感器的结构设计中,为了提高星敏感器的质心提取精度,使探测器和光学系统的焦平面之间存在一定的离焦量,从而使星点弥散斑分布在多个像素上,利用多个像素的灰度值获得亚像素级别的质心提取精度。

(2) 焦距误差。焦距误差主要是指对星敏感器后截距进行精密测量后的误差,不考虑光学系统畸变和像面倾斜等因素的影响。焦距误差的示意图如图 5-7 所示,从星敏感器成像模型可以看到,焦距误差对星敏感器测量结果有直接影响,因此必须对焦距误差进行严格的标定与测试,以减小其对指向测量结果的影响。

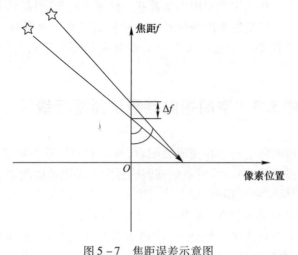

图 5-7 焦距误差示意图

(3) 主点位置误差。在星敏感器成像模型中,当星点入射角为 0° 时,星点在探测器上的成像点即为系统的主点。主点误差示意图如图 5-8 所示,当指向测量仪器绕光轴旋转时,垂直入射的星光在探测器上成像位置不变。因此,当星敏感器的光轴产生偏移时,对应于探测器上的主点也会产生相应的偏移,此时的成像模型变为

$$S_i = \frac{1}{\sqrt{(x_i-x')^2+(y_i-y')^2+f^2}}\begin{bmatrix} -(x_i-x') \\ -(y_i-y') \\ f \end{bmatrix} \quad (5-18)$$

式中:(x',y') 为主点位置偏移量。

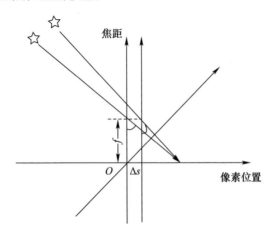

图 5-8　主点误差示意图

(4) 像平面倾斜。在星敏感器的安装过程中,通过精密机械加工等,尽量使像平面与光学系统的主光轴垂直,实现整个像面的稳定、倾斜。但机械加工过程中总会存在一定的公差,使像平面与光学系统的光轴之间存在一定的倾斜角度,导致倾斜旋转轴之外的点均存在一定的离焦量,其中一部分处于焦前位置,一部分处于焦后位置,离焦导致星点弥散斑大小在像平面分布不均匀,影响质心提取精度,最终影响指向测量精度。

(5) 光学系统畸变。星敏感器的畸变主要来自光学系统的畸变。在星敏感器的光学系统中,镜片产生的畸变是主要原因。光学系统畸变对星敏感器指向测量的影响主要体现在恒星星点成像位置。一方面光学系统畸变会使星点弥散斑形貌偏离理想的高斯形貌,对星点质心提取精度产生影响;另一方面使成像模型不再是理想的小孔成像模型,即光学系统光心、恒星、恒星在探测器上成像位置三者之间不再满足共线关系。畸变误差示意图如图 5-9 所示,光学系统畸变

参数主要包括径向畸变和切向畸变。一般情况下,径向畸变是影响星敏感器标定精度的主要因素。径向畸变会引起图像点沿径向移动,离中心点越远其变形越大。其他误差源引起的畸变相对较小,可以忽略不计。引入太多的畸变参数,不仅不能提高星敏感器的标定精度,反而会使标定结果不稳定,应根据实际需要选择合适的畸变模型。对于一般精度的星敏感器,可只取径向畸变的一级近似,对于大视场和高精度星敏感器则需要更高的阶数。

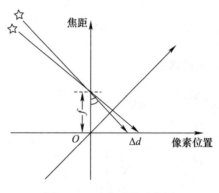

图 5-9 畸变误差示意图

2. 参数标定方法

为了进行星敏感器光学系统内部参数的标定,2004 年 Samaan[24] 使用非线性最小二乘估计对星敏感器的焦距和主点进行了标定,而没有以传统的方式考虑失真和安装误差。2006 年 Ouaknine 等对 SED36 星敏感器光学系统的低频误差进行了标定,使用星敏感器视场中的部分区域,提出了一种更精确的畸变校准方法[25]。2009 年 Tom Dzamba 等[26]针对探测器标定、实验室几何标定和光学系统标定进行了研究,研制了一种自校准投影仪系统,构造一组参数描述实验室设备,使用该模型将恒星坐标从投影仪传到成像仪,将预测结果与实际拍摄图像进行比较,该方法可以补偿实验室物理设备中的非理想性,论文不仅进行视场测量并绘制了光学像差导致的 PSF 的变形,还研究了暗电流、固定模式噪声以及光学系统模型等的标定。2016 年 Tom Dzamba 等[27]探讨了恒星颜色对星敏感器标定的影响,提出了一种简单的逐星焦距校正方法,以最大程度减小由于色差效应引起的弧长误差,利用来自 6 个星敏感器的在轨数据评估校正结果,可将弧长误差 RMSE 降低 3% ~ 15%。2014 年刘海波等[28]提出了一种基于恒星角距不变的星敏感器内部参数的地面标定方法。该方法对 0°附近的角度变化较敏感的恒星角距的正弦值建立观测方程,采用两步法估计焦距、主点和高阶畸变系数,然后进行迭代优化,获得最优估计值。实验结果表明,星间角距误差的均方根

为 2.2×10^{-5} rad。2017 年马丽衡等[29]提出了利用直接观星的方式进行星敏感器内部参数标定的方法,不再依赖于室内标定设备,考虑星点误差的影响,应用 SPGD(随机并行梯度下降)算法对内部参数进行最优估计,有效提高星敏感器内部参数标定精度。戴东凯等[30]提出了一种基于多图姿态关联的星敏感器内部参数标定方法,该方法利用陀螺组合体提供的旋转信息,实现了多帧星图之间的拼接关联,增加了可用于标定的观测数据,提高了标定精度和可靠性。

1) 主点位置标定方法

在星敏感器的内部参数标定方法中,由于主点位置反映光轴位置,因此主点位置必须优先于其他内部参数进行标定。除标定对象(星敏感器)外,还需要光源和平行光管提供恒星入射光,高精度双轴转台作为星敏感器固定设备并提供转动角度。针对星敏感器的主点位置标定,主要有以下两种方法。

方法一:平行光管产生的恒星星光成像在星敏感器成像探测器上,按照一定步长角度将星敏感器绕光轴转动 360°,记录每个转动位置对应的星点成像坐标,所有成像点组成一个以主点为圆心的近似圆环,调整平行光管位置,使星点成像位置逐渐变小。重复上述过程,直至圆环缩小成一个点,当星敏感器绕光轴转动时星点成像位置不变,即可得到主点位置。

方法二:将星敏感器以一定步长绕光轴转动 360°,得到由成像点组成的近似圆环,对得到的图形用标准圆形进行拟合,得到拟合后的圆心位置坐标,该方法示意图如图 5 - 10 所示。调整平行光管位置,得到不同半径的圆环并拟合圆心后,取多次拟合圆心位置的平均值,即可得到主点位置。

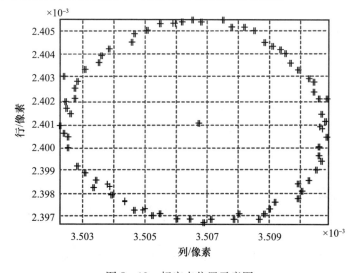

图 5 - 10 标定点位置示意图

方法一需要人工判断干预,一方面需要判断星点成像位置,另一方面调整平行光管位置时难以精确控制精度,实验过程相对复杂。实际工程应用中可采用星敏感器提取坐标,以减小判读误差,同时严格把控星点重合判断条件,转台定位精度对最终标定精度有较大影响。方法二过程简单,后期数据处理过程复杂,拟合计算后可以得到较高精度的主点位置。

2) 焦距标定方法

主点位置确定后,即可进行焦距标定。目前主要采用实际观星方式进行焦距标定,方法简单可靠。首先利用恒星跟踪转台,星敏感器拍摄当前视场多幅星图,对星图星点坐标进行多帧平均以减小随机误差的影响;再根据当前星图的导航星表匹配识别结果,将拍摄星图中的星对角距和对应星表中的星对角距进行比较。由于光学系统像差和倾斜角造成的误差在主点附近位置误差较小,因此应尽量采用主点附近的星对角距进行计算。

设第 i 颗恒星的赤经和赤纬分别为 α_i 和 δ_i,则其在惯性空间指向为

$$\boldsymbol{v}_i = \begin{bmatrix} \cos\alpha_i \cos\delta_i \\ \sin\alpha_i \cos\delta_i \\ \sin\delta_i \end{bmatrix} \tag{5-19}$$

恒星星对角距的计算公式为

$$d_{ij} = \boldsymbol{v}_i^{\mathrm{T}} \boldsymbol{v}_j = \frac{(x_i - x_0)(x_j - x_0) + (y_i - y_0)(y_j - y_0) + f^2}{\sqrt{(x_i - x_0)^2 + (y_i - y_0)^2 + f^2 (x_j - x_0)^2 + (y_j - y_0)^2 + f^2}} \tag{5-20}$$

式中:(x_i, y_i) 和 (x_j, y_j) 分别为观测星点质心在像面上的坐标;d_{ij} 为导航星表星对角距。可采集天顶附近其他光轴指向位置的多幅星图,对大量测量结果进行最小二乘拟合,以提高标定精度。在最小二乘拟合过程中,可同时对焦距、主点坐标 (x_0, y_0) 进行拟合估计。此方法特别适用于小孔径光学系统,因为孔径越小,光学系统像差造成的畸变也越小。如果星敏感器灵敏度足够高,可在光学系统外部进一步缩小其通光口径。

3) 倾斜角标定方法

倾斜角标定在主点位置和焦距标定完成后进行。倾斜角的标定结果虽然不作为标定参数,但可据此估计出其对星敏感器测量精度的影响。倾斜角有以下两种标定方法。

(1) 基于主点位置标定方法二的测量结果,可得到每一个测量点至主点(拟合圆心)的距离,将其与拟合后的圆半径进行比较,可得到每一个测量点的

偏差,经过简单转换即可得到倾斜角以及倾斜方向。

(2)实际观星方法。选择视场中的两颗观测星,其中一颗观测星位于视场中间,并且尽量靠近主点,另一颗观测星尽量靠近视场边缘;将星敏感器转动360°,记录下每一个观测位置的角距,由角距的变化情况可得到倾斜角的大小和方向。

4)畸变系数标定方法

针对大视场星敏感器光学系统误差非理想轴对称分布的问题,2014年程会艳等[31]提出了区域分割的星敏感器标定方法,将星敏感器视场划分为n个独立的校正区域,针对每个校正区域生成校正函数,在区域内选择测试点,计算各测试点的残余误差。该方法可以提高标定精度,解决大视场星敏感器边缘区域标定拟合精度下降的问题。2017年金荷等[32]提出了视场网状分区建模的内方位元素最优化解算方法,在视场分区后,采用多项式拟合、双线性插值的方法修正畸变,经过实验室和外场观星实验,标定残差降低了20%~35%。

所有其他参数标定完成后进行光学系统畸变的标定。同样采用实际观星方法,拍摄多幅星图,选择靠近主点的一颗观测星和另一颗靠近视场边缘的观测星,将观测星角距和星表中对应角距进行比较。光学系统畸变参数校正公式为

$$r_m - r_c = k_1 r^3 + k_2 r^5 \tag{5-21}$$

式中:r_m为实际观测的星对角距;r_c为观测星对应星表中的星对角距。用最小二乘估计方法即可求出畸变参数k_1、k_2。

5.3.2 单星标定

1. 单星标定方法

星敏感器的理想模型为小孔成像模型,星光经过光学系统在成像探测器上形成弥散斑,星点在星敏感器坐标系下的坐标为(x,y,z),弥散斑中心在探测器坐标系下的坐标为(u,v),则恒星单位矢量在星敏感器坐标系下的坐标为

$$S_i = \frac{1}{\sqrt{x_i^2 + y_i^2 + f^2}} \begin{bmatrix} -x_i \\ -y_i \\ f \end{bmatrix} \tag{5-22}$$

式中:f为光学系统焦距。

标定试验系统示意图如图5-11所示。将星敏感器安装在转台上,调整光轴与转台、光管准直。利用转台转动使星点在全视场范围内成像,转台转动位置为全视场范围内均匀分布的网格点。连续采集各标定点位置数据,同时记录转台的位置,标定点位置分布如图5-12所示。

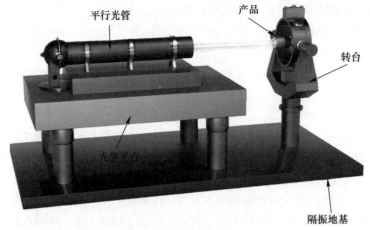

图 5-11　标定试验系统示意图

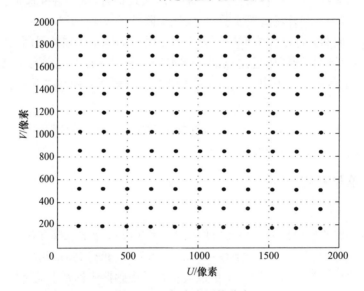

图 5-12　标定点网格分布

为了减小随机噪声的影响,在同一位置进行多次采样。若网格点为 A_i($i = 0,1,\cdots,N-1$),每个点采样 M 次,则每个标定点的位置坐标为

$$\begin{cases} u_i = \dfrac{1}{M}\sum_{j=0}^{M-1} U_{i,j} \\ v_i = \dfrac{1}{M}\sum_{j=0}^{M-1} V_{i,j} \end{cases} \quad (5-23)$$

根据转台偏航角 α_i 和俯仰角 β_i,可得到单星矢量在转台坐标系下的表达

式为

$$\mathbf{vec}_i = C(\alpha_i,\beta_i)\mathbf{vec}_{\text{star}} = \begin{bmatrix} -\sin\alpha_i \\ \sin\beta_i\cos\alpha_i \\ \cos\beta_i\cos\alpha_i \end{bmatrix} \quad i = 0,1,\cdots,N-1 \quad (5-24)$$

式中：$\mathbf{vec}_{\text{star}} = \begin{bmatrix} 0 & 0 & 1 \end{bmatrix}^{\mathrm{T}}$。

若转台与星敏感器之间的安装矩阵为 A，则星矢量在星敏感器本体坐标系下可表示为

$$\mathbf{vec}_i = \begin{bmatrix} x_i \\ y_i \\ z_i \end{bmatrix} = A\mathbf{vec}_i \quad (5-25)$$

通过曲面方程可拟合星点位置测量值 (u_i, v_i) 和理论指向 (x_i, y_i) 之间的关系。以3阶多项式为例，有

$$\begin{cases} x_i = k_{1,1}u_i^3 + k_{1,2}u_i^2v_i + k_{1,3}u_iv_i^2 + k_{1,4}v_i^3 + k_{1,5}u_i^2 + k_{1,6}u_iv_i + k_{1,7}v_i^2 + k_{1,8}u_i + k_{1,9}v_i + k_{1,10} \\ y_i = k_{2,1}u_i^3 + k_{2,2}u_i^2v_i + k_{2,3}u_iv_i^2 + k_{2,4}v_i^3 + k_{2,5}u_i^2 + k_{2,6}u_iv_i + k_{2,7}v_i^2 + k_{2,8}u_i + k_{2,9}v_i + k_{2,10} \\ z_i = \sqrt{1 - x_i^2 - y_i^2} \end{cases}$$

$$(5-26)$$

将 $V = KU$ 代入式(5-26)可得

$$\begin{bmatrix} x_1 & \cdots & x_N \\ y_1 & \cdots & y_N \end{bmatrix} = \begin{bmatrix} k_{1,1} & \cdots & k_{1,10} \\ k_{2,1} & \cdots & k_{2,10} \end{bmatrix} \begin{bmatrix} u_1^3 & u_1^2v_1 & u_1v_1^2 & v_1^3 & u_1^2 & u_1v_1 & v_1^2 & u_1 & v_1 & 1 \\ \vdots & \vdots & \vdots & \vdots & \vdots & \vdots & \vdots & \vdots & \vdots & \vdots \\ u_N^3 & u_N^2v_N & u_Nv_N^2 & v_N^3 & u_N^2 & u_Nv_N & v_N^2 & u_N & v_N & 1 \end{bmatrix}^{\mathrm{T}}$$

$$(5-27)$$

从式(5-27)即可求解出标定系数 K，即

$$K = VU^{\mathrm{T}}\mathrm{inv}(UU^{\mathrm{T}}) \quad (5-28)$$

2. 视场分区标定方法

视场分区标定方法是在单星标定方法的基础上衍生的新型标定方法。待定

系数法可以对星敏感器系统误差中最主要的、数值最大的、规律性明确的部分误差源进行校正,但对于某些数值相对较小、带有随机性的部分误差源不能有效识别校正。同时对于大视场星敏感器,一个高阶曲面难以在全视场范围内逼近像面,导致待定系数法应用于大视场星敏感器时标定精度较低,同时标定残差与标定点到视场中心距离相关。为了满足大视场星敏感器和高精度标定系数的需求,研究者们提出了视场分区标定的方法。

视场分区标定方法克服了现有技术的不足,通过将星敏感器视场划分为 n 个区域。分别计算每个区域校正函数,使得标定残差不依赖采样点到视场中心的距离,可以获得高精度的标定系数和标定结果,实现星敏感器系统误差的精确校正,提高指向测量精度。

该方法具体步骤如下:将星敏感器放置于测试转台上,使单星模拟器光轴与双轴转台的两个转动轴所构成的平面垂直;以均匀的角度转动两轴转台,同时对单星模拟器进行成像观测。成像观测的具体方法为获取单星模拟器模拟的星点在星敏感器像平面上的位置坐标以及两轴转台的角度坐标,即得到一个成像点的数据。匀速转动转台 m 次,可获得 m 个成像点数据,将这些成像点作为基准网格点,其中 m 为正整数;根据得到的基准网格点和星敏感器视场大小将星敏感器视场划分为 n 个相互独立的校正区域,并根据每个校正区域所包含基准网格点的平面位置坐标和角度坐标,为每个校正区域生成一组校正函数。在不超出基准网格点分布边界的范围内选择测试点,用于检验校正函数的标校精度。

根据测试点位置判定其所属的校正区域,并利用相应的校正函数计算转台的角度坐标,将计算结果与获取的两轴转台的角度坐标进行比较,计算各测试点标校后的残余误差,判断所有测试点的残余误差是否满足误差要求,若满足则该组校正函数可用于后续星敏感器系统误差的校正。

3. 小圆圈标定方法

对于亚角秒级以上精度的星敏感器,设计中一般采用小视场大面阵的方案,误差特性与高精度星敏感器有所不同。典型的亚角秒级星敏感器的设计及验证方案表明,其高频误差占总误差的比例已超过 60%。传统标定方法中,通过同一位置的多次采样降低了时域高频误差,但并未考虑高空间频率误差项的影响。对于亚角秒级以上的星敏感器而言,若不进行误差分离,很难有针对性地对视场相关的低空间频率误差进行有效标校。

相对于低频误差在视场小范围内的一致性,高频空间误差则仍然表现出随机性。因此,在标定点附近小范围处采集多个星点图像数据,通过平均处理可以降低该标定点处的高频误差。考虑到空间分布特性,可在传统标定方法的基础上分别以网格标定点 $A_i(i=0,1,\cdots,N-1)$ 为中心,r 为半径,γ 为步长进行邻域采样,采样示意图如图 5-13 所示。

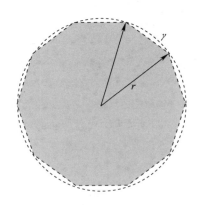

图 5-13 邻域采样轨迹

圆环上的采样位置点为 $B_k(k=0,1,\cdots,H-1)$,其中 $H=\dfrac{360}{\gamma}$。每个点采集 M 次,则 B_k 坐标可表示为

$$\begin{cases} U_k = \dfrac{1}{M}\sum_{j=0}^{M-1} U_{k,j} \\ V_k = \dfrac{1}{M}\sum_{j=0}^{M-1} V_{k,j} \end{cases} \quad (5-29)$$

因此,网格标定点 A_i 的坐标为

$$\begin{cases} u_i = \dfrac{1}{H}\sum_{k=0}^{H-1} U_k \\ v_i = \dfrac{1}{H}\sum_{k=0}^{H-1} V_k \end{cases} \quad (5-30)$$

基于以上误差分离策略得到标定点数据后,则可按照传统标定方法进一步求出标定系数 K。再以图 5-14 所示的随机打点方式采集得到评价数据,以此评估标定精度。

4. 仿真及试验验证

采用探测器实测噪声、光学系统设计模型参数、标定软件算法及标定系统噪声模型,搭建起虚拟标定试验环境。仿真环境条件设定为真空 20℃,矩阵网格规模设定为 $N=121$、$M=20$,对不同半径和步长下的误差分离标定方法进行比对验证,仿真结果如表 5-2 所列。

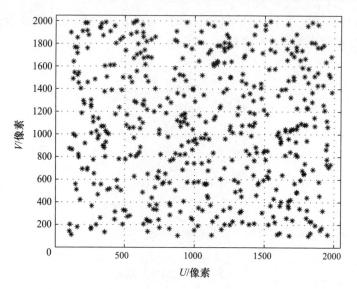

图 5-14 标定精度评价用数据

表 5-2 标定精度仿真结果

标定方法	采样模式	标定残差(2σ)/(″)
传统法	矩阵网格	0.271539
传统法+暗场校正	矩阵网格	0.250647
误差分离标定法 1	$r=8$ 像素,$\gamma=20°$	0.197668
误差分离标定法 2	$r=6$ 像素,$\gamma=20°$	0.151138
误差分离标定法 3	$r=4$ 像素,$\gamma=20°$	0.1756
误差分离标定法 4	$r=6$ 像素,$\gamma=30°$	0.223232
误差分离标定法 5	$r=6$ 像素,$\gamma=10°$	0.185615

仿真结果表明,误差分离标定方法明显优于传统标定方法;暗场校正后标定残差降低;不同的采样半径及步长下,误差分离效果也不同,对于仿真对象而言,半径为6像素、步长为20°时,标定残差最小。

将该星敏感器安装在真空高低温标定转台上,进行基准调试,设定真空20℃的试验条件。

按以下步骤进行误差分离标定:

(1) 采集真空 20℃ 下的暗场图像。

(2) 转台转到预设网格点处,到位后星敏感器采集星点 UV 坐标数据。

(3) 以网格点为中心,6像素为半径,弧长为20°进行逆时针方向圆圈扫描并采集相应位置处的星点位置坐标数据以及转台转角数据。

(4) 转台转至下一个网格点,重复以上步骤直至标定结束。

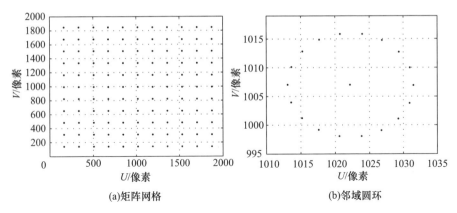

(a)矩阵网格　　　　　　　　(b)邻域圆环

图 5-15　标定轨迹

按照前文所述处理方法,得到标定结果如表 5-3 所列。

表 5-3　标定试验结果

标定方法	标定残差(2σ)/($''$)
传统标定法	0.221703
误差分离标定法	0.137616

标定残差曲线如图 5-16 所示。

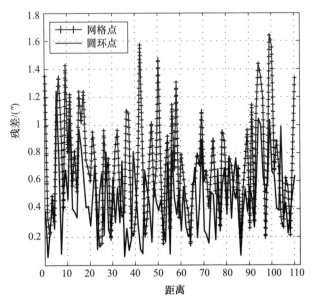

图 5-16　标定残差对比

由图 5-15 和表 5-3 所列数据可知,这种小范围误差分离的方法与传统方法相比,标定残差降低 38%。

5.3.3 FGS 光学系统畸变标定

天文仪器畸变的最佳标定方法是利用密集的恒星场,同时解决成像系统的静态光学畸变和各个恒星固有的星空位置问题,这种标定方法又称为自校准方法,需要对指向测量仪器进行多次平移和旋转,使星场在视场中移动。利用针孔掩模可以进行自校准的地面试验,针孔掩模可以提供位置精确已知且分布有规律的小孔网格。

针孔掩模是由 NRC – Herzberg 获得的原型,通过在熔融硅晶片上用铬进行预复制,利用照相平版技术制作而成。掩模制作在直径 125mm 的石英晶片上,镀镍层镀铬,光学深度为 3。另外,还有一种先进的聚酯涂层,是一种具有防潮、防粘、防迁移性能的透明薄膜。掩模有 4 个不同的针孔,大小为 12×86、24×86、56×86、120×86,分布在一个 86×86 的正方形图案中,每个针孔之间的间距为 1mm,预期直径公差小于 $0.3 \mu m$。

设计试验以测量针孔掩模孔的位置和尺寸的准确性。该试验步骤为:首先用光源照亮针孔掩模,然后使用低失真场透镜成像到一个大格式光学相机上。针孔掩模通过一个简单的三点安装在旋转台上并平行于试验台,用一个平面镜将光束折叠到透镜中。试验采用 FLICCD 相机,探测器规格为 8176×6132、6 个像素(61.2mm 对角线),量子效率在 360~800nm 处为峰值的 30%,在 540nm 处为峰值的 60%。

利用上述试验装置可以进行两组试验:①在不抖动情况下获取针孔掩模的多幅图像,分析测量精度和稳定性;②在不假设针孔图案是完全正方形情况下,抖动针孔掩模来同时推导光学畸变和针孔位置(自校准方法)。在第二个试验中,使用一个单位圆上等距分布的 6 个掩模位置。旋转平台与检测器中心的距离在两个轴上都有约 3.5mm 的偏移,旋转掩模可以使图案相对于检测器旋转和平移。只考虑 6 个位置中至少 3 个针孔位置,即可消除 61 个针孔,总共使用 1788 个针孔源。

对于单个掩模位置的图像,光学畸变和不规则针孔位置都表现为不规则的网格,两种误差源不易区分。然而,所述光学畸变相对于所述相机而言是静态的;因此,掩模相对于相机的移动可以从针孔不规则现象中分离出光学畸变。最后,通过旋转针孔网格得到的数据来分离掩模畸变和相机光学畸变。

观察结果由 6 叠图像组成,每一叠图像都旋转到不同位置,如图 5-17 所示。

每个旋转位置成像 1 次,总曝光时间为 $100 \times 0.3s$。旋转轴在从探测器的中心偏移约 3.5mm 的两个轴之间。

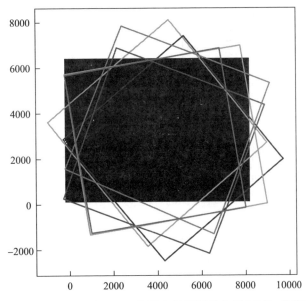

图 5-17 针孔图案相对于摄像机检测器的位置(单位:像素)

对原始图像进行暗场和平场校正。对每幅图像进行提取,以识别和测量针孔图像的位置和通量。利用 PSF 拟合程序进行源提取,其中 PSF 窗口大小为 20 像素。PSF 是根据经验从数据中确定的,是在以检测器为中心的一个 2000 像素的范围内所有源的平均值。寻星器的输出是每个图像的针孔位置和通量的原始检测器坐标的目录。这些输出目录将在接下来的部分中作为平均值和模型拟合的输入。

在从掩模中可能的误差中分离出真实的光学畸变之前,首先需要测试在单个掩模位置上的稳定性。通过分析在一组数据中位置测量值的变化,这些数据来自用掩模在固定位置拍摄的图像。这种分析没有限制系统中的光学畸变,仅分析其稳定性。测试中共采集 1493 帧图像,每幅图像中有 100 个星点,其中每个星点由 $56\mu m$ 大小的针孔模拟得到。通过测试星点位置的离散程度与采集图像帧数的关系,验证结果的稳定性。将目录堆分成 N 组,每组 M 个目录,计算每组目录的平均位置,然后计算 N 组位置测量值的均方根偏差和 Allan 偏差。如果在位置测量中的散射是由于随机误差,那么散射应该与 N 成比例。当只去除平均平动进行测试时,均方根偏差并没有随 N 的减小而减小,这意味着图像的尺度和旋转存在显著的变化,如图 5-18 所示。

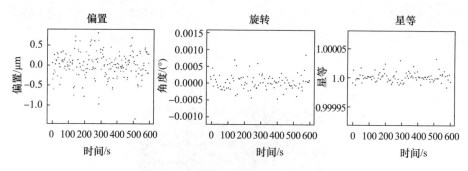

图 5-18 图像的尺度和旋转示意图

从 100 次照射得到的每个目录计算出四参数变换系数的变化。旋转阶段的平移和旋转漂移与运动一致,而尺度上的变化要小得多,很可能是由于光学的不稳定性造成的。像素大小为 6μm,旋转 0.0001°对应于旋转阶段边缘的 110nm 切向运动。

当增加尺度、旋转和平动等变换时,在测量位置上的散点会随着 N 的增加而减少。参数拟合是迭代执行的,首先对所有目录进行平均,只删除平移,创建第一组参考坐标;然后在每个目录和这些参考坐标之间拟合一个新的参数转换。接着对新转换的坐标进行平均,以创建一个新的参考;最后重复一次拟合过程。得到的校正位置显示了作为平均测量数的函数的散点中的预期行为。基于这些结果,删除线性参数,然后在每个堆栈中的坐标上进行平均,并将平均误差作为测量不确定度。

在掩模的每个位置上的 100 个目录的平均位置用来测量光学畸变和掩模上针孔的位置,测量步骤如下。

1. 建立畸变模型

为了约束相机畸变和掩模畸变,并控制试验的安装性能,从抖动和旋转的所有位置同时对堆叠目录进行三分量模型拟合。试验中定义以下两个坐标系:

(1) (X_c, Y_c),相机坐标系;

(2) (X_m, Y_m),掩模坐标系。

其中,采用一个均匀的小孔正方形网格,摄像机间距为 166.7 像素作为遮罩坐标框架。摄像机坐标是一个理想化的无失真坐标框架,它是相对于检测器像素定义的。模型的 3 个组件的具体内容如下。

对于第一个组件,有

$$\begin{cases} x_c = D_{x,\text{camera}}(d, x'_c, y'_c) \\ y_c = D_{y,\text{camera}}(d, x'_c, y'_c) \end{cases} \quad (5-31)$$

其中,

$$D_{\text{camera}}(d, x'_c, y'_c) = \sum_{i=0}^{R} \sum_{j=0}^{R} d_{ij} L_i(x_c) L_j(y_c)$$

第一个组件定义了从扭曲的摄像机坐标(x'_c, y'_c)到无失真坐标(x_c, y_c)。这里L_i是归一化的勒让德多项式,R为失真模型的阶数,本书中取$R=6$。在对这个函数求值时,参数被规范化为位于$-1\sim 1$的区间上。该模型不包含线性参数$(i+j<1)$因为它们包含在这个模型的第二个组件中。

对于第二个组件,有

$$\begin{cases} x_c = l(x_m, y_m) = c_0 + c_1 x_m + c_2 y_m \\ y_c = l(x_m, y_m) = c_3 + c_4 x_m + c_5 y_m \end{cases} \quad (5-32)$$

第二个组件定义了从掩模坐标系(x_m, y_m)到相机坐标系中校正失真的位置,当掩模在检测器上旋转时,这些线性参数对于每个堆叠目录都是不同的。

对于第三个组件,有

$$\begin{cases} D_{x,\text{mask}}(x_{\text{square}}) = x_m + \delta_x \\ D_{y,\text{mask}}(y_{\text{square}}) = y_m + \delta_y \end{cases} \quad (5-33)$$

式中:x_m、y_m为针孔位置的原始均匀网格;δ_x、δ_y为均匀网格与真实针孔位置之间的差异。正确的针孔定义为

$$\begin{cases} x_{\text{pin}} = D_{x,\text{mask}}(x_m) \\ y_{\text{pin}} = D_{y,\text{mask}}(y_m) \end{cases} \quad (5-34)$$

式中:x_{pin}和y_{pin}为掩模上针孔的真实位置。为了适应这个模型,必须指定所有3个模型组件。这是用一种迭代的方式来完成的,首先假设δ_x和δ_y为零,使用Levenberg-Marquardt拟合前两个模型分量,同时拟合d和c系数。为此,使用来自每个堆栈目录的测量坐标(x'_c, y'_c)和最小化Δ,有

$$\Delta_x = \sum_{n=0}^{N-1} \left[l(c_n, x_{\text{pin}}, y_{\text{pin}}) - D_{x,\text{camera}}(d, x'_{c,n}, y'_{c,n}) \right]^2$$

$$\Delta_y = \sum_{n=0}^{N-1} \left[l(c_n, x_{\text{pin}}, y_{\text{pin}}) - D_{y,\text{camera}}(d, x'_{c,n}, y'_{c,n}) \right]^2 \quad (5-35)$$

式中:N为目录总数;n为第N^{th}目录。每个n目录都有单独的线性参数,共有134个自由参数。在拟合好摄像机畸变和线性参数后,更新掩模畸变模型。这是通过将当前最佳的相机畸变模型应用到测量的位置,并将这些畸变校正的位置反变换到掩模坐标系中实现的。然后将掩模失真校正为

$$\begin{cases} \delta_x = \bar{x}'_m - x_m \\ \delta_y = \bar{y}'_m - y_m \end{cases} \qquad (5-36)$$

式中：$\bar{x}'_m$ 和 $\bar{y}'_m$ 为失真校正测量位置在掩模参考坐标系中的平均值。在对针孔位置模型进行更新后，必须重新拟合相机畸变模型和线性参数。当掩模失真模型的变化小于20nm时，用新的近似值重复4次这一拟合过程。在这个模型中的线性变换意味着相机和掩模的线性模式失真。为了消除光学系统中不同针孔掩模位置测量值之间的变化，需要进行线性变换。

2. 估计畸变精度

最佳匹配是 5σ 剪切的 RMS 残差，在 x 轴上为 39.5nm、y 轴上为 38.5nm。这些残差是位置测量误差和 6 阶残差的组合。我们用总拟合残差减去位置测量误差的正交(37.8nm)来估计残差的高阶畸变。表 5-4 总结了各种畸变对系统总位置位移的贡献，包括光学摄像机畸变、掩模畸变、位置测量误差和剩余光学畸变。

表 5-4 畸变对系统总位置位移的影响

源	大小/nm	大小 TMT/μ
总非线性偏差	858	429
光学畸变 $O(2\sim6)$	856	300
针孔掩模畸变	47.2±4.5±11	23.6
位置测量精度	9.2	4.6
未校正高阶失真 $O(>6)$	37.8	18.9

值得注意的是，系统中的环境不稳定性可能导致残差项，将其归为残差高阶失真。例如，在观察过程中，针孔掩模上的温度梯度发生变化，会改变掩模在不同位置之间的变形模式。当假设一个静态掩模变形时，这一变化会增加残余配合。这通常是某一不稳定因素改变掩模或相机失真的一个非线性方式。需注意，如果整个掩模温度发生变化，那么掩模变形不会发生变化，因为膨胀只影响掩模变形中的线性项，而这些项在模型中已被消除。

5.4 空间指向测量仪器轨道级标定

轨道级标定主要针对在轨环境导致的内部参数变化进行校正。内部参数主要包括成像参数（主点坐标和焦距）以及成像畸变等。在较大视场的星敏感器中，光学系统会存在明显畸变，在像面边缘区域的基变量可达到两个像元以上，对星敏感器的测量精度影响很大。在发射和在轨应用中,由于发射的振动和在轨的辐射、温度等因素影响,星敏感器的主点坐标、焦距和畸变模型等可能会发生变化,因此需要针对光学系统畸变进行在轨标定,以保证星敏感器的测量精度。

1981 年,M. D. Shuster 和 S. D. Oh 两位学者[33]研究了姿态敏感器相对准线的安装误差,算法突破了仅仅依靠地面数据进行标定的限制,但是由于建立的模型简单,使得在轨标定的误差较大。

1989 年,I. Y. Bar-Itzhack 提出了一种卡尔曼滤波算法,用于估计姿态敏感器的准线安装误差,算法使用四元数为系统状态变量。1990—1994 年,M. D. Shuster 和 D. S. Pitone 等学者系统论述了姿态敏感器相对准线和绝对准线安装误差的在轨标定[34]。

1996 年,JPL 的 David S. Bayard 等[35]研究了利用神经网络 GRNN(general regression neural network)进行星敏感器在轨标定的方法。建立了基于在轨测量数据的自主估计非线性畸变模型,进而完成星敏感器畸变的标定和校正工作。测试结果可以将 0.1 像素的低频空间误差畸变降低到 0.034 像素。

2001 年,M. E. Pittelkau 采用 UD 分解处理系统过程噪声协方差矩阵,提出了一种在轨标定姿态敏感器安装误差的卡尔曼滤波算法(AKF)。该算法采用了非线性系统模型,由于线性化的误差很小,该算法的效果比较理想。同时该算法在地面标定中仍然适用。

2002 年,Puneet Singla 等[36]为 EO-3GIFTS 任务搭载的星敏感器设计了自标定算法,针对相机主点偏移和焦距的估计,设计了两种卡尔曼滤波器,该算法将三轴陀螺仪用于速率数据和星敏感器视轴矢量的测量,使用了真空模型对星敏感器的光学系统进行建模,模型能够满足大多数星敏感器的精度要求。仿真结果显示,两种算法都可以通过确定主点偏移和焦距进行精确的姿态估计,但是在可靠性和鲁棒性上稍有区别。D. Todd Griffith 等[37]提出了高阶焦平面畸变效应的估计方法,提高了主点偏移和焦距校正的 1 阶模型精度,提出的方法将各个误差项降到低于 2mrad。

为了对星敏感器的系统常值误差进行标定,2008 年哈尔滨工业大学的袁彦红等[38]提出了利用陆标敏感器观察地物,再将得到的图像与基准图像匹配,运用最小二乘法和卡尔曼滤波算法对星敏感器的常值误差进行标定。仿真结果显示,卡尔曼滤波算法能够有效抑制陆标敏感器的量测噪声。

2010 年,北京航空航天大学的申娟等基于星间角距不随坐标系的变化而改变的特性,考虑镜头的径向畸变,对星敏感器的焦距和一阶径向畸变系数进行在轨标定,设计了扩展卡尔曼滤波器估计星敏感器光学系统参数。仿真结果显示,在星点位置噪声的标准偏差设置为 0.05 像素时，EKF 滤波器算法可以实现 1.2″ 的精度，可以对星敏感器内参数进行实施高精度标定。

2013 年，哈尔滨工业大学的孙亚辉等[39]研究了针对大光圈和大视场的星敏感器畸变模型，解决了传统的畸变模型没有考虑温度变化对畸变模型的影响，以及针孔相机模型过于简单不足以描述星敏感器镜头复杂的畸变模型的问题。基于新的畸变模型，建立了扩展卡尔曼滤波算法，用于在轨标定畸变模型的参数。仿真结果显示，星敏感器的姿态测量精度提高到了 0.279″，有效地消除了镜头畸变对星敏感器的不利影响。为了解决星敏感器像平面误差引起的卫星姿态确定误差，提出了一种星敏感器 6 自由度像平面误差的在轨标定方法，引入 6 自由度像平面误差模型系数。为了解决标定温度对星敏感器透镜畸变的影响，提出了星光矢量校正的在轨标定方法。

2015 年，北京航空航天大学的学者提出了利用陀螺和两个星敏感器在轨标定星敏感器间的安装误差角。其中一个星敏感器作为基准星敏感器，设计扩展卡尔曼滤波器实时估计状态变量，以消除星敏感器安装误差角。仿真结果显示，这种在轨标定算法能够有效消除星敏感器之间的安装误差，提高卫星定姿系统精度。

2017 年，长光卫星技术有限公司的李峰等[40]提出了通过航天器对恒星进行成像，获取星敏感器在地心惯性系下的姿态四元数和绝对时间，利用航天器在地心惯性坐标系下的角速度等信息进行星敏感器安装矩阵的在轨标定方法。该方法简单、高效，但需要星敏感器和航天器在地心惯性坐标系下的高精度姿态信息。同年，Hao Zhang 等[41]研究了没有先验信息的在轨星敏感器的标定方法。利用实际测量的星间角距设计了后馈神经网络结合卡尔曼滤波算法，首先利用后馈神经网络对焦距和主点进行粗标定，然后利用卡尔曼滤波器对焦距、主点和畸变进行精确标定。该方法利用参数的自初始化，不需要地面信息和先验信息。

5.4.1 成像畸变标定

星敏感器的光学系统畸变不仅会对星点在探测器上的成像形貌产生影响，还会对成像位置产生影响。随着星敏感器技术的发展，大视场星敏感器已经成为重要的发展方向。大视场星敏感器光学系统畸变较大，光学畸变的定标效果直接影响星敏感器姿态测量的精度，随着大视场光学测量系统应用领域的不断扩展，对相对光学畸变的要求甚至低于 0.01%。光学畸变标定主要包括基于整幅图像的畸变标定和分区畸变标定，其中分区畸变标定能够统一标定各区域内的焦距误差、主点误差、像面旋转、倾斜误差及光学畸变等参数，是一种有效的畸变标定方法。

目前星敏感器分区光学畸变标定一般是将星敏感器成像区域按预设分区数量,以星敏感器主点为中心区域的中心,以固定间隔将成像区域均匀分成多个区域,通过拟合各分区内的定标点数据,实现分区畸变标定。一种大视场星敏感器光学系统畸变自动标定方法如下。

设星敏感器的成像分辨率 $M \times M$、像元角分辨率 θ''、主点 (X_0, Y_0)、分区步长初值 $S(1)$、最大畸变 D_0'' 和各分区内定标点个数 $X_n \times X_n$,X_n 为奇数。

以 $S(1)$ 为分区步长,以星敏感器主点 (X_0, Y_0) 为中心,计算中心区域内定标点的二维转台编码器角度信息,根据二维转台的角度信息、主点对应的转台角度信息等,计算星点成像的理论位置 (X_1, Y_1) 为

$$\begin{cases} X_1 = \tan(A_1 - A_0) \cdot (f \cdot \cos E_0 - y \cdot \sin E_0) \\ Y_1 = \dfrac{f(\sin E_0 \cos(A_1 - A_0) + \tan E_1 \cos E_0)}{\tan E_1 \sin A_0 + \cos(A_1 - A_0) \cos E_0} \end{cases} \quad (5-37)$$

设星点坐标 x 方向的修正系数为 k_1、k_2、k_3,y 方向的修正系数为 k_4、k_5、k_6,采用最小二乘拟合方法,拟合星敏感器畸变修正系数为

$$\begin{cases} \sum_{i=1}^{n} X_i X_i k_1 + \sum_{i=1}^{n} X_i Y_i k_2 + \sum_{i=1}^{n} X_i k_3 = \sum_{i=1}^{n} X_i X_{1i} \\ \sum_{i=1}^{n} Y_i X_i k_1 + \sum_{i=1}^{n} Y_i Y_i k_2 + \sum_{i=1}^{n} Y_i k_3 = \sum_{i=1}^{n} Y_i X_{1i} \\ \sum_{i=1}^{n} X_i k_1 + \sum_{i=1}^{n} Y_i k_2 + \sum_{i=1}^{n} k_3 = \sum_{i=1}^{n} X_{1i} \end{cases} \quad (5-38)$$

$$\begin{cases} \sum_{i=1}^{n} X_i X_i k_4 + \sum_{i=1}^{n} X_i Y_i k_5 + \sum_{i=1}^{n} X_i k_6 = \sum_{i=1}^{n} X_i Y_{1i} \\ \sum_{i=1}^{n} Y_i X_i k_4 + \sum_{i=1}^{n} Y_i Y_i k_5 + \sum_{i=1}^{n} Y_i k_6 = \sum_{i=1}^{n} Y_i X_{1i} \\ \sum_{i=1}^{n} X_i k_4 + \sum_{i=1}^{n} Y_i k_5 + \sum_{i=1}^{n} k_6 = \sum_{i=1}^{n} Y_{1i} \end{cases} \quad (5-39)$$

当采集到的星点坐标为 (X, Y) 时,修正后的星点理论成像位置为 (X_p, Y_p),修正关系为

$$\begin{bmatrix} X_p \\ Y_p \end{bmatrix} = \begin{bmatrix} X & Y & 1 & 0 & 0 & 0 \\ 0 & 0 & 0 & X & Y & 1 \end{bmatrix} \begin{bmatrix} k_1 & k_2 & k_3 & k_4 & k_5 & k_6 \end{bmatrix}^T \quad (5-40)$$

根据拟合得到的修正系数计算该级分区内所有畸变标定点的最大畸变

$D\_\max(1)$,最大畸变的计算方法为

$$D\_\max(N) = \max(\sqrt{(X_p - X_z)^2 + (Y_p - Y_z)^2})\theta, N = 1 \quad (5-41)$$

当满足 $D\_\max(1) \leq D_0$ 时,设第 N 级分区的步长细分份数,其中 $N \geq 2$;

计算第 N 级分区步长,计算各分区内二维转台的角度信息,采集平行光管星点图像并提取不同角度对应的星点坐标,拟合各区域畸变修正参数,计算该级分区内最大畸变 $D\_\max(N)$,以及计算已定标区域的边长 S_{tot};

当满足 $D\_\max(N) \leq D_0$ 时,输出该级分区内各区域畸变修正系数;

当满足 $S_{tot} \geq M$ 时,则现有定标区域边缘接近星敏感器成像区域边界,完成星敏感器光学系统畸变标定过程。

5.4.2 FGS 天文测量模型标定

精细引导传感器是哈勃空间望远镜搭载的高精度空间指向测量仪器,采用干涉式测量原理进行角度测量,与主载荷共用光路,能够实现 0.01″ 的光轴指向测量精度,同时保持 0.007″ 的指向稳定度,可用于侦测天体摆动现象、监测双星系统以及测量各类天体的角直径等。为了满足哈勃空间望远镜的高精度天文观测,需要精细引导传感器在观测时间内保持稳定的指向测量精度。这一极其苛刻的性能水平将通过在 3 个精细引导传感器中的两个中获取并锁定两个不同的恒星来实现。如果对仪器进行精确标定,同样的光学系统、探测器和控制电子设备也可以进行单星和双星系统的天文测量,并间接地测量其他属性,如色温和角直径等。

精细引导传感器的标准要求在 0.0001″。这种精度的测量是必要的,经过一段时间后,这些位置将产生良好的视差和适当的运动。对光源位置或方向的测量是这些传感器主要的科学观测方式。双星测量是精细引导传感器的二次科学观测方式。对于分离双星,精度小于 0.01″,通常在 $(5 \sim 50) \times 0.001″$ 范围内,测量的位置角和幅度差的相对误差比较小。这种性能随着星等的差异迅速下降,特别是在 $\Delta m = 4 \text{mag}$ 之后。此外,还增加了组件之间的分离。二进制的总量值以及由此产生的每个分量的量值,来自精细引导传感器探测器的独立 ±1% 光度校准。精细引导传感器的新作用包括表观尺寸和色温测定,以恒星直径为例,预期在 $(3 \sim 50) \times 0.001″$ 范围内的直径精度小于 0.01″。最后,颜色指数应好于 ±0.1mag。注意,尺寸和光谱信息都间接地推导出传递函数的二阶效应(在精细引导传感器光学系统中的像差)。

精细引导传感器的标定分 3 个阶段进行。在部署哈勃空间望远镜后,立即在轨道核查阶段进行工程水平标定;随后,在科学核查阶段,由空间望远镜天文

测量小组进行初步的科学校准;此后,这些仪器由空间望远镜科学研究所的精细引导传感器仪器科学家负责。校准的频率取决于硬件老化程度、望远镜的效率、一般观察者的使用情况等。计划每年都要进行诊断测试。

由于光学望远镜装配设计畸变远大于精细引导传感器,因此需要先将其从数据中去除,从而使光学场角畸变函数仅拟合光学望远镜装配残余畸变加上精细引导传感器光学的残余畸变。在校准过程中,对色散效应的校正将作为二阶细化处理。这种校准的主要困难在于以下几点。

(1) 为预期的图像畸变建模。

(2) 为某些随机误差建模。

(3) 在没有任何 0.0001″精度测量标准的情况下在轨道上进行校准。

(4) 必须对模型的残差进行彻底检查,并确定其趋势。

1. 一般模型

波前像差通常分为 5 个主要像差,即球差、彗差、散光、场曲率、畸变本身。对于每个赛德尔像差,在像差函数的公式中都有一个简化的解析项 W。W 通常以沿法线的光程长度为单位来测量。例如,球差在距离光轴(和焦平面)的距离上用一个偶数幂多项式表示,即

$$W_{\text{sphaber}} = A + Br^2 + Cr^4 + Dr^6 + Er^8 + \cdots \tag{5-42}$$

常数项可以通过沿着一条主射线重新定义 W 为 0 来消除。二次项等价于焦点的纵向偏移,所以主球差由四次项表示,次球差由六次项表示,以此类推。太空望远镜天文测量小组与 Perkin - Elmer 公司一起,在成功地建立了失真模型,使其精度优于 $1 \times 0.001″$。此外,他们模拟了在 x 和 y 中使用基于设计畸变的五次多项式的模型。结果表明,在整个精细引导传感器孔径的无晕屏部分平滑且均匀地满足 0.001″测量精度。这些结果使用了 20～30 颗星和 20～30 个点,采用的是所选校准标准中恒星的实际配置以及随机的恒星模式。

光学系统中非球面拾取镜从光学望远镜组件捕获了远离轴的光。这个 10′～14′ 的区域远在近轴区域之外,光学望远镜组件的像差(主要是散光)较大。即使在光学场角畸变函数介入前对其中大部分光进行了校正,仍然认为经典波前分析的简单假设和近似不是最合适的方法。无论是主要的赛德尔部分还是在赛德尔内部的更高阶项,似乎不太可能成功地处理亚 0.001″指向测量精度性能的领域。可以根据光学元件的设计值制作光线轨迹。然而,任何固有模型都会引入系统误差。因此,在有限的校准时间内,最佳做法是使用 N 项失真多项式,该多项式保留所有的预期项,允许许多额外的自由度。通过这种方式可以消除大的随机误差,并为膨胀系数计算确定估计值。

2. 模型的分析形式

由于每个精细引导传感器的孔径为1/4环，因此需要在该区域上有一套完整的基函数。这些可以通过修改泽尼克函数得到。泽尼克函数是泽尼克多项式与指数函数的乘积，即

$$Z_{nm}(r,\phi) = R_{nm}(r) e^{im\phi} \quad (5-43)$$

径向坐标 r 在 $[0,1]$ 区间内变化，方位坐标 ϕ 在 $[0,2\pi]$ 区间内变化。通过常规的归一化，正交关系为

$$\int_0^{2\pi} d\phi \int_0^1 r dr Z_{nm}(r,\phi) Z_{n'm'}^*(r,\phi) = \frac{\pi}{n+1} \delta_{nn'} \delta_{mm'} \quad (5-44)$$

泽尼克多项式 R_{nm} 与雅可比多项式有关，即

$$R_{nm}(r) = r^m P_{(n-m)/2}^{(0,m)}(2r^2 - 1) \quad (5-45)$$

通过式(5-45)可以很容易推导出在 $r \in [a,1]$ 和 $a \in [0,1]$ 上的正确完全正交函数。它们正比于 $P_{(n-m)/2}^{(0,m)}$。

同样地，将指数的取值范围缩小到 $\left[0, \frac{n}{2}\right]$ 也很简单。因此，可以假设有一个完整的标准正交环函数集合 $\{A_{nm}(r,\phi)\}$，其中 $r \in [a,1]$，$\phi \in \left[0, \frac{n}{2}\right]$。任何性能良好的函数 $f(r,\phi)$ 都可以表示为

$$f(r,\phi) = \sum f_{nm} A_{nm}(r,\phi) \quad (5-46)$$

式中：f_{nm} 为展开系数，对 n 的累加和大于任意非负整数，而 m 被限制在 $[-n,n]$ 的范围内。

3. 校准标准

校准用标准的选择是一个星域，该星域具有以下属性。

（1）涵盖了大部分的69平方角分区域的精细引导传感器孔径。

（2）这样做几乎可以统一各个哈勃空间望远镜定位。

（3）恒星在一个合理的范围内(9~14星等)足以为星域内提供一个良好的信噪比。

（4）恒星内有较窄的颜色指数范围(如0.5mag)。

（5）在几十年的时间尺度内，恒星在0.0001″的水平上不会因为某些因素而产生位移。

下面依次讨论每种属性的必要性。

如果能保证所有的天文测量都发生在精细引导传感器孔径内的同一位置，那么无需对畸变进行校准，因为对于相对天文测量来说，由于差分观测技术的存在，畸变总是会被抵消。正如前文所述，这种简单的设计是不可能实现的。因

此,整个孔径必须测量到同样的高标准。显然,除非校准对象覆盖整个区域;否则不可能有效地执行此任务。由于 1/4 环是一个不对称区域,并且航天器绕光学望远镜组件的光轴旋转所导致的旋转必须加以规划,因此第二个属性源于这些操作问题。如果不能满足这两个要求,就会增加覆盖整个孔径所需的望远镜时间,也会增加数据缩减方案的复杂性。因为在进行相互比较时,所有数据必须在同一坐标系中。虽然坐标变换的参数本身是不相关的,但它们的值在任何传统的数据约简方案中都必须完美确定。这样,就会浪费大量的试验资料,从而进一步增加确定 f_{nm} 的阶数。

精细引导传感器中的光电倍增管的动态范围为 45000。虽然灵敏度范围可以通过使用滤波器来扩大,但这是一个耗时且可能会引起系统错误的过程。因此,以星等为单位进行恒星分组将会更加有效,其中最暗的星等要足够低,能够在精密制导电子设备所能支持的最短积分时间内产生良好的信噪比。

颜色指数范围狭窄的问题更能说明问题。精细引导传感器光学系统的色差是不可忽略的。因此,光学场角畸变函数应该有波长作为一个自变量,但同时确定距离光轴、方位角与波长的相关性也是复杂的。颜色指数要求形式简单、尺寸小。

4. 校准分析

如上所述,任何对数据的常规统计调整,每一次曝光都需要至少 3 个自由度。也就是说,设想航天器指向不同开放星团。由于在航天器的所有方位,该簇星团不能均匀地覆盖精细引导传感器的整个孔径,因此需要一个以上的点和数据采集周期。每个点的结果必须转换到相同的坐标系中,才能推导出关于光学畸变的关系。除非对精度和准确性做得非常好;否则由于缺乏一致的坐标系而产生的误差将掩盖光学畸变的影响,造成结果的系统性偏差。因此,基于真值受测量误差影响假设的统计调整程序,都会在坐标系转换的过程中存在较大误差。由于单个坐标转换参数的值无关大局,不计算它们的调整技术将比被动计算它们的调整技术更优。下面给出的公式就是这样一种方法,它是基于 Taff 规律的方法。

设 (α,δ) 为恒星数 n 到曝光数 m 的赤道坐标。任意两颗恒星间的角距离(如 p 和 q)用 D_{pq} 表示,即

$$\cos D_{pq} = \cos\delta_p \cos\delta_q \cos(\alpha_p - \alpha_q) + \sin\delta_p \sin\delta_q \tag{5-47}$$

这些恒星与指向 m 的角距离的测量值是 D_{pq}^m,有

$$\cos D_{pq}^m = \cos\delta_p^m \cos\delta_q^m \cos(\alpha_p^m - \alpha_q^m) + \sin\delta_p^m \sin\delta_q^m \tag{5-48}$$

当然,尽管 D_{pq}^m 应该等于 D_{pq},它与测量误差和光学畸变无关。然而,如果一

切都是完美的,那么确定的描述形式为

$$T_{pq} = \frac{1}{2} \sum_{m,n} (D_{pq}^m - D_{pq}^n)^2 \qquad (5-49)$$

式(5-49)可最大限度地减少 T。由于 T 依赖于角距离且它是每个力坐标系不变的。因此,没有坐标估计。前面提到的转换参数是必要的,因为 T 依赖于相互比较的度量不变量,即恒星间的距离,所以不需要对观测误差的分布做任何假设。最后,T 包含了最大数量的可用物理信息,如当所有的距离都正确时恒星之间的角度就是超亮的。

5. 单星的大小和颜色校准

单恒星天体物理信息的推导依据是传递函数的变形,见图 5 – 19 ~ 图 5 – 21。图 5 – 19 中曲线只显示了一半。角直径的单位是(″),到零点的角距离(输入角)的单位是 10^{-3}(″)。

角直径的精度和颜色温度可能推导出控制响应的灵敏度的科斯特棱镜干涉仪异常输入。我们无法控制科斯特棱镜的反应,也无法增加现有的角直径、颜色指数或光谱类型的测量值。为了对传递函数进行建模,可以使用现有的 Perkin – Elmer 公司的计算机代码、光学序列的从头算检验和精细引导传感器单

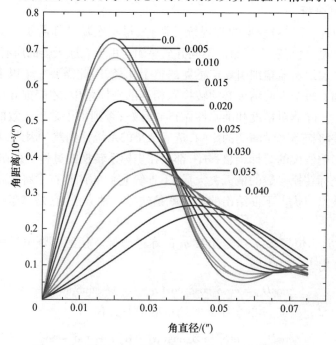

图 5 – 19 有限尺寸引起的传递函数(或 S 曲线)变化

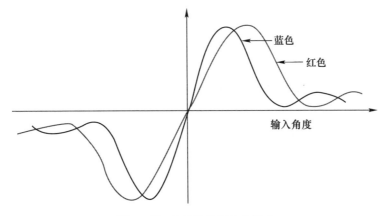

图 5-20　S 波段的源致色效应

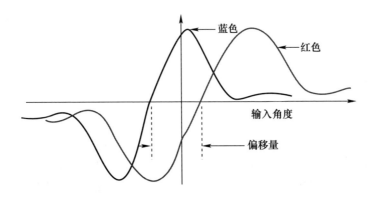

图 5-21　由于仪器畸变引起的效应

元的规定、地面测试或基于已知标准的飞行校准。历史上对精密制导系统的工程作用十分重视,现存的 Perkin-Elmer 公司的计算机模型(精细引导传感器光学性能)还不够复杂,不能处理所有科学问题。对传递函数进行地面测试,在每个精细引导传感器中使用一个内部测试源,测试源的大小是有限的,形状是不对称的,但在相同的地方总是相同的颜色。因此,结合真实的、明亮的、不同表观尺寸和光谱类型的单颗恒星的在轨校准是必要的。最后,必须对每个精细引导传感器、滤波轮的各个位置以及干涉仪测量的两个正交方向进行这种类型的校准。

1) 传递函数模型

在传递函数没有解析形式的情况下,必须由经验来确定,优点是所有仪器系统都隐式地体现在试验曲线上。光度计的响应率、滤光片的透过率、畸变、像差等都直接反映在最终的曲线上。主要缺点是需要使用统计拟合技术对数据建模。如果传递函数 $F(y)$ 只是一个值表,即 $\{F_m,y_m\}$,然后对新数据进行普通的最小二乘拟合 $\{f_n,x_n\}$ $\{F(x_n)\}$ 意味着某种插值。事实上,根据现有的知识,校准数据 $\{F_m\}$ 在其他点集合 $\{y_m\}$ 上是不完美的,被测量的值没有数学统计技术可以严格地处理拟合问题。

我们决定结合数据平滑问题的校准数据 $\{F_m\}$ 在 $\{y_m\}$ 和将 $\{x_n\}$ 处的新数据集 $\{f_n\}$ 拟合为单一组合最小二乘/样条拟合的数据拟合问题。对于需要用来跨越角直径/色温空间的每个校准星,获得了测量的传递函数数据 $\{F_m$ 在 $\{y_m\}$, $m=1,2,\cdots\}$ 每颗恒星的数据都由最小二乘拟合成一系列从 y_1 到 y_m 的多项式 M。这些多项式通过强制样条型边界条件连接起来。样条的度即每个多项式的子区间的长度,以及子区间长度的分布都是变量。目前,由于缺乏真实数据,只能使用 20 个均匀的子区间来拼接 2 阶样条。这一过程最终输出的是在这个角度大小和色温下的参考单星传递函数的多项式集。

当获得一颗新星的数据时,通过在 x_n 处对新数据 $\{f_n\}$ 进行最小二乘拟合也遵从样条边界条件的多项式。接下来,比较 f 多项式集和 F 多项式集以寻找最佳拟合。通过比较不同的尺寸和不同的颜色索引参考曲线,可以计算出一个二维梯度,它将告诉我们在角直径/色温空间的正确搜索方向。最终会找到一个最小残差,从而得到最佳拟合。

在没有传递函数的分析形式或模型的情况下,此过程的关键是通过样条曲线进行平滑和拟合。通过将样条结与真实数据断开连接来确保每个间隔有足够数量的数据点,根据每个点的信噪比计算权重,逆向选择间隔长度与曲率的比例,并根据传递函数的采样来决定双星的总数,自适应地从数据中压缩数据量。当目标成像的边缘变暗使这个问题成为三维时,或者解决典型的三维双星问题(星等差、分离和位置角)时,面临着相同的问题。

2)双星校准

首先忽略光谱类型和角直径的复杂性。双星所需的数据包括星等差(A_m)、距离(D)和位置角 ϕ。考虑到精细引导传感器对双口型的灵敏度范围,只有散斑干涉测量技术才能提供支持双星标定所需的运动学数据。为了固定它们的轨道,必须遵循一组适当接近的双星。太空望远镜天文测量小组的奥托·弗朗茨对此负责。他选择了几个双星系统,以确保哈勃空间望远镜发射日期的灵活性(Franz,1989)。只有继续监测这些双星才能确保轨道元素集的质量。

双星的传递函数是两个单星传递函数的线性叠加,即

$$B(x) = \alpha_x S(x + x_0) + (1 - \alpha_x) S(x + x_0 + \Delta x) \qquad (5-50)$$

式中:B 为双星传递函数;S 为单星传递函数(前文 S 用 F 表示)。大小差

$x(=10^{-4}A_m)$ 与 a 有关。单星参考传递函数和测量的双星传递函数之间的整体平移 x_0 也必须是固定的)。二进制的各分量在这个轴上距离的投影用 A_x 表示。在 y 方向上有一个类似的表达式,从 A_x 和 A_y 恢复距离和位置角,有

$$D = [(\Delta x)^2 + (\Delta y)^2]^{1/2}$$
$$\tan\phi = \frac{\Delta y}{\Delta x} \tag{5-51}$$

需注意,$\alpha_x = \alpha_y = \alpha$ 可以作为问题的一个约束条件,同时进行 x 和 y 的简化。用多项式、最小二乘、样条边界条件来表示 S。

5.5 本章小结

本章主要阐述了空间指向测量仪器的"像素级—视场级—轨道级"跨尺度标定方法。通过双频动态激光干涉的标定方法,对图像探测器的像素空间误差进行标定,实现图像探测器误差的像素级标定;通过改进单星标定方法,提出邻域平均的标定方法,实现视场级标定,减小了高空间频率误差对视场标定的影响,并介绍了 FGS 的视场标定方法;最后介绍了空间指向测量仪器在轨飞行时的误差标定方法。通过"像素级—视场级—轨道级"的跨尺度标定,实现不同尺度标定模型和标定结果的结合,形成了空间指向测量仪器的完整标定模型。

参考文献

[1] SHAKLAN S,SHARMAN M C,PRAVDO S H. High – precision measurement of pixel positions in a charge – coupled device[J]. Applied optics,1995,34(29):6672 – 6681.

[2] KAVALDJIEV D,NINKOV Z. Subpixel sensitivity map for a charge – coupled device[J]. Optical engineering,1998,37(3):948 – 954.

[3] EMVA Standard 1288:Standard for Characterization of Image Sensors and Cameras. Release 3.0,2010.11.

[4] 张承钰,袁利,王立,等. 空间光学敏感器像素位置偏差测量技术研究现状[J]. 空间控制技术与应用,2019,45(2):11 – 17.

[5] JORDEN P R,DELTORN J M,OATES A P. Nonuniformity of CCDs and the effects of spatial undersampling[C]//Instrumentation in Astronomy VIII. International Society for Optics and Photonics,1994,2198:836 – 850.

[6] SHAO M. SIM:the space interferometry mission[C]//Astronomical Interferometry. International Society for Optics and Photonics,1998,3350:536 – 540.

[7] GOULLIOUD R,CATANZARITE J H,DEKENS F G,et al. Overview of the SIM PlanetQuest Light mission concept[C]//Optical and Infrared Interferometry. International Society for Op-

tics and Photonics,2008,7013: 70134T.

[8] UNWIN S C,SHAO M,TANNER A M,et al. Taking the measure of the Universe: precision astrometry with SIM PlanetQuest[J]. Publications of the Astronomical Society of the Pacific,2008,120(863): 38.

[9] SHAO M,NEMATI B. Sub-microarcsecond astrometry with SIM-Lite: A testbed-based performance assessment[J]. Publications of the Astronomical Society of the Pacific,2009,121(875): 41.

[10] MALBET F,GOULLIOUD R,LAGAGE P O,et al. NEAT: a space born astrometric mission for the detection and characterization of nearby habitable planetary systems[J]. International Society for Optical and Photonics,2012. 8442:84420J.

[11] SHAO,M,et al. NEAT:a Microarcsecond Astrometric Telescope[J]. Proc. SPIE 8151,2011.

[12] MALBET F,CROUZIER A,LÉGER A,et al. Neat: an astrometric mission to detect nearby planetary systems down to the earth mass[C]//Techniques and Instrumentation for Detection of Exoplanets VI. International Society for Optics and Photonics,2013,8864: 88641D.

[13] CROUZIER A,MALBET F,PREIS O,et al. An experimental testbed for NEAT to demonstrate micro-pixel accuracy[C]//Optical and Infrared Interferometry III. International Society for Optics and Photonics,2012,8445: 84451P.

[14] CROUZIER A,MALBET F,PREIS O,et al. Metrology calibration and very high accuracy centroiding with the NEAT testbed[C]//Space Telescopes and Instrumentation 2014: Optical,Infrared,and Millimeter Wave. International Society for Optics and Photonics,2014,9143: 91434S.

[15] CROUZIER A,MALBET F,PREIS O,et al. First experimental results of very high accuracy centroiding measurements for the neat astrometric mission[C]//Techniques and Instrumentation for Detection of Exoplanets VI. International Society for Optics and Photonics,2013,8864: 88641C.

[16] MALBET F,LÉGER A,SHAO M,et al. High precision astrometry mission for the detection and characterization of nearby habitable planetary systems with the Nearby Earth Astrometric Telescope (NEAT)[J]. Experimental Astronomy,2012,34(2): 385-413.

[17] CROUZIER A. NEAT: a spatial telescope to detect nearby exoplanets using astrometry[D]. Grenoble: Université de Grenoble,2014.

[18] CROUZIER A,MALBET F,HÉNAULT F,et al. The latest results from DICE (Detector Interferometric Calibration Experiment)[C]//Space Telescopes and Instrumentation 2016: Optical,Infrared,and Millimeter Wave. International Society for Optics and Photonics,2016,9904: 99045G.

[19] CROUZIER A,MALBET F,HÉNAULT F,et al. A detector interferometric calibration experiment for high precision astrometry[J]. Astronomy & Astrophysics,2016,595: A108.

[20] FUMO P,WALDRON E,LAINE J P,et al. Pixel response function experimental techniques

and analysis of active pixel sensor star cameras[J]. Journal of Astronomical Telescopes, Instruments, and Systems, 2015, 1(2): 028002.

[21] VOROBIEV D, NINKOV Z, CALDWELL D, et al. Direct measurement of the intra – pixel response function of the Kepler Space Telescope's CCDs[C]//Space Telescopes and Instrumentation 2018: Optical, Infrared, and Millimeter Wave. International Society for Optics and Photonics, 2018, 10698: 106985J.

[22] MAHATO S B, De RIDDER J, MEYNANTS G, et al. Measuring intra – pixel sensitivity variations of a CMOS image sensor[J]. IEEE Sensors Journal, 2018, 18(7): 2722 – 2728.

[23] DRAPER L T. Star Tracker Calibration[R]. Washington: National Aeronautics and Space Administration, 1968.

[24] SAMAAN M A, GRIFFITH T, SINGLA P, et al. Autonomous on – orbit calibration of star trackers[C]//Core Technologies for Space Systems Conference (Communication and Navigation Session). 2001: 1 – 8.

[25] OUAKNINE J. Reduction of Low Frequency Error for SED36 and APS based HYDRA Star Trackers [C] // International Conference on Space Optics. The Nethorlands. 2006.

[26] DZAMBA T, ENRIGHT J. Calibration techniques for low – cost star trackers[C]. 23rd Anmual AIAA/USU Conferent on small satellites. Utah 2009.

[27] DZAMBA T, ENRIGHT J, SINCLAIR D. Characterizing chromatic effects in small star trackers [C]. 30th Annual AIAA/USU Conferent on small satellites. Utah 2016.

[28] 刘海波, 王文学, 陈圣义, 等. 利用星角距不变性标定星敏感器内部参数[J]. 国防科技大学学报, 2014, 36(6): 48 – 52.

[29] 马丽衡, 王省书, 戴东凯, 等. 一种直接观星的星敏感器内参数标定方法: 108106634A[P]. 2018 – 06 – 01.

[30] 戴东凯, 刘宇, 马丽衡, 等. 一种多星图姿态关联的星敏感器内参数标定方法及其装置: 107449444A[P]. 2017 – 07 – 17.

[31] 程会艳, 郑然, 武延鹏, 等. 一种基于区域分割的星敏感器标定方法[P]. 中国, CN104166985B, 2017 – 03 – 15.

[32] 金荷, 毛晓楠, 孙少勇, 等. 视场网状分区域建模的星敏感器标定方法[J]. 红外与激光工程, 2017, 46(10): 203 – 210.

[33] SHUSTER M D, OH S D. Three – axis attitude determination from vector observations [J]. Journal of guidance and Control, 1981, 4(1): 70 – 77.

[34] SHUSTER M D, PITONE D S, BIERMAN G J. Batch estimation of spacecraft sensor alignments, I. Relative alignment estimation[J]. Journal of the Astronautical Sciences, 1991, 39(4): 519 – 546.

[35] BAYARD D S. Adaptive neural star tracker calibration for precision spacecraft pointing and tracking[J]. Space Technology, 1997, 2(17): 75 – 80.

[36] SINGLA P, GRIFFITH D T, CRASSIDIS J L, et al. Attitude determination and autonomous

on – orbit calibration of star tracker for the gifts mission[J]. Advances in the Astronautical Sciences,2002,112:19 – 38.

[37] GRIFFITH D T,SINGLA P,JUNKINS J L. Autonomous on – orbit calibration approaches for star tracker cameras[J]. Advances in the Astronautical Sciences,2002,112:39 – 57.

[38] 袁彦红,耿云海,陈雪芹. 基于陆标敏感器对星敏感器在轨标定算法研究[J]. 哈尔滨商业大学学报(自然科学版),2008(4):68 – 73.

[39] 孙亚辉,耿云海,胡芳芳,等. 一种星敏感器六自由度像平面误差的在轨标定方法:103438907A[P]. 2013 – 12 – 11.

[40] 李峰,徐开,陈志刚,等. 一种航天器星敏感器安装矩阵在轨标定方法:107389098B[P]. 2019 – 07 – 26.

[41] ZHANG H,NIU Y,LU J,et al. On – orbit calibration for star sensors without priori information[J]. Optics Express,2017,25(15):18393 – 18409.

第 6 章
仪器误差测试与评估

对空间高精度测量仪器测试和评估,其核心评定指标是指向测量误差[1-14]。本章节重点围绕指向测量误差的测试验证及评估方法展开阐述。对测量仪器多物理场影响因素进行充分机理分析和数学建模,可以利用相应数学方法和天体物理测量手段对指向测量误差进行分门别类地监测、检测、补偿和校正。

空间高精度指向测量仪器的误差测试主要包括实验室测试、外场测试和在轨评估。实验室测试一般采用单星模拟的方式测量指向测量仪器的单星定位误差,并对仪器的噪声等效角进行评估[2-4,15]。外场测试将指向测量仪器放置于外场转台,或利用地球自转对外场星空进行成像,评估指向测量仪器误差,外场测试会受大气湍流的影响。在轨评估主要通过对指向测量仪器光轴夹角的长期变化规律进行分析,分离出仪器的噪声等效角(NEA)、低空间频率误差(LSFE),如果采集的数据足够长,则可以评价出仪器受热环境影响的光轴热漂移误差。

下面对三种测试场合的测试影响因素和方法进行具体分析。

6.1 实验室测试方法分析

6.1.1 实验室验证影响因素分析

对于高精度指向测量仪器的实验室测试,仪器所处的多物理场的微小变化,有可能对精密指向测量产生明显影响,将在仪器本身测量误差曲线基础上叠加外在的、难以解耦的激励源误差,一旦激励源产生的误差响应频率与仪器自身测量误差响应频率范围有交集,则难以进行事后消除,使实验室测量系统难以真实记录、度量仪器性能,引起测量不确定度。

下面从几个典型的物理场影响角度进行分类和说明,为误差验证方法提供物理参量基础。

1. 室内温度影响

温度因素是姿态指向测量仪器最敏感的物理场之一。尤其对于高精度的测量仪器,当仪器放置在实验室内时,室内设备、人员、内外部热平衡现象的存在,导致热传导、热对流、热辐射现象,也就是热冲击的方向、强度、速度等约束条件是动态变化的,则仪器所处的热物理场一直处于不稳定状态,并且自身温度水平、温度梯度、温度波动均存在低频趋势项,进而加剧内部光电探测器的热噪声、光学系统的热变形、像质变化以及光电承载结构的低频变形等,影响仪器测量误差评估的参数[16-17]。

因此,为了更准确、稳定地测量指向仪器的误差,需要将测试环境的温度、模拟源进行温控和多层包覆,防止温度波动对仪器工作链路产生额外影响。

2. 重力影响

光学装调的精度对空间光学相机的成像品质起关键作用。在地面进行系统装调时,由于重力原因产生的结构变形导致光学元件的面形和位置精度(镜间距、平移、倾角)发生变化,造成离焦和系统传递函数下降[10]。如果偏移量超出允许范围,相机在轨运行时处于微重力环境下,装调时的重力变形会发生回弹,各反射镜的相对位置变化最终会降低光学系统传递函数,影响成像品质。某大口径空间相机镜头在光轴水平状态下进行镜头装调,前后镜身均处于悬臂状态。根据结构力学分析的结果,支撑结构在重力下变形导致的次镜偏移达到 0.03mm,因此在镜头装调过程中必须考虑重力的影响。由于重力造成的离焦量很小,可以在调焦时消除,只需要对反射镜的径向偏移和倾角进行卸载。此外,像很多巡天天基望远镜,拉格朗日点是太阳系引力场最平衡的观测位置点。对于这些设备仪器,除了地球重力外,太阳系其他天体的引力影响,使得测量仪器所受到的多引力场的方向、强度存在非常微弱的动态变化影响,对于相对较小口径光学系统的高精度指向测量场景的影响可以忽略不计,但是对于口径超过 1000mm 的大型光学系统高精度指向测量或者微角秒指向测量时,重力影响不容忽视,需要设计相应的重力卸载方案进行消除。

3. 实验室模拟星场影响

实验室内的星场,一般通过光源以及单星模拟器进行模拟,主要模拟无穷远处恒星的方向、光谱、强度、稳定度、分布等基本光线信息。但是在模拟过程中,真实恒星在宇宙中传输所经历的物理过程无法或很难完全映射或同步到实验室环境下,如多星模拟器的光谱、强度、位置的精准模拟,则需要很高代价才能实现,同时,引力偏折、光行差、视差等因素在地面也很难模拟[14,16]。

此外,地面实验室的星场模拟源与测量仪器之间的传输路径,与真实情况也存在一定差异,比如地面为标准气压的传输,或者标准气压 + 玻璃窗口 + 真空传输,除非星场模拟器与测量仪器同时放置在真空环境下,才能保证与在轨星场的传输路径一致。

模拟精度受限、传输路径差异将给高精度指向测量带来额外的误差源。在实验室误差评估时,需要考虑不同光谱、强度、位置对测量结果的影响。

4. 室内平台抖动影响

室内试验平台受到外部因素影响产生的振动会传递到仪器及模拟源。以2019年12月发生的唐山市4.5级地震为例,通过高分辨率的水平仪可以监测到正在进行精度测试的指向仪器发生了0.2″的瞬时系统偏移。将此量级的瞬态运动偏移叠加上几十到数百赫兹的频率,则高精度指向测量仪器采集的目标源坐标误差叠加了高频振动误差,将直接影响性能验证。

6.1.2 实验室测试方法

实验室测试主要通过测量噪声等效角的方法来完成仪器误差测试。下面分别对国内外噪声等效角(NEA)测试方法进行概述。

詹姆斯·韦伯太空望远镜(JWST)精细引导敏感器(FGS)主要通过模拟单星测量噪声等效角(NEA)。图6-1是JWST的FGS设备在实验室测试NEA的情况。

(a) CAD大卫·佛罗里达实验室的精密导向仪器水平测试

(b) 在ISIM中安装FGS(左)与在戈达德宇宙飞行中心的ISIM水平测试(右)

图6-1 JWST光学望远镜实验室NEA测试实物图

詹姆斯·韦伯太空望远镜精细引导敏感器利用3个2048×2048分辨率、5μm像素尺寸、来自Teledyne成像系统公司的碲镉汞探测器。FGS由两个引导通道和一个近红外通道组成,主要用于仪表级性能测试和精密指向性能测试[6]。

精密导向指向的性能测试主要是按一定角速度转动光源,按一定采样频率收集仪器目标坐标信息并分析质心值标准偏差,则在给定的模拟导星强度下,利用图像序列计算噪声等效角,最终在不同的时间使用3种不同的光源强度来分析NEA与强度的趋势关系。图6-2是在实验室环境测得的FGS的NEA曲线。

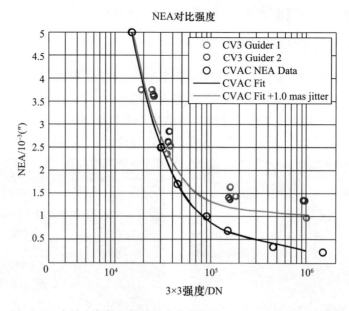

图6-2 实验室条件下的单星定位误差NEA和星点能量关系曲线

NASA第二代对地观测激光雷达卫星(ICESat-2)配备了ATLAS先进地形激光测高仪,该仪器用于接收激光反射斑点的接收装置(RTA)具备0.1″的指向测量精度。为了在地面实验室评估指向测量指标,JPL实验室专门设计了一种模拟单星评价精密指向测量仪器高频误差的测试验证平台[18],如图6-3和图6-4所示。

该测试方法利用532nm波长的激光点光源作为单星模拟源,通过具备半透半反功能的校正平面镜,将光路的部分光线反射到抛物镜,由抛物镜将光线调整为平行光,透过前置的校正镜入射到RTA的主镜镜面,经RTA光学系统在后端CCD或CMOS像面成像形成星斑点,之后对星斑点进行重复采样可进一步评价单星位置误差的高频特性。

国内高精度指向测量验证方面的工程成果较少,主要通过静态多星靶标板

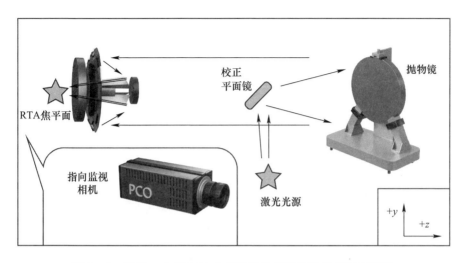

图 6-3　ICESat-2 的 RTA 在实验室条件下的 NEA 测试工况图

图 6-4　ICESat-2 的 RTA 实验室条件下的 NEA 测试实物

进行视场标定,实现视场空间低频误差的测试和验证。

此外,利用 CCD 重叠观测整体平差方法,能够有效提高地面指向精度验证能力,实现高精度级指向测试在实验室的实施。即在照相天体测量中,目标定位精度是量度坐标精度和局部参考架精度的组合,在给定星表和观测设备情况下,长焦距观测有助于提高星像量度坐标的精度,但长焦距带来的小视场却降低了局部参考架的精度。而 CCD 重叠观测整体平差方法,可以使长焦距与大观测视场(多星)得到有机结合,因而可以作为实验室进行高精度测试验证的有效手段,该方法可结合高精度多星靶标板进行测试验证,最终验证的误差项为 LSFE

和部分 NEA。

图 6-5 是超精密真空激光干涉测角系统,可用于高精度指向测量仪器的光轴热稳定性指标测试和超精密单星或多星下的高精度测试验证。

图 6-5　超精密真空激光干涉测角系统

真空激光干涉测角系统由激光干涉测角仪、调整机构、支撑支架等组成。实际使用时,将激光干涉测角仪置于调整机构上,完成干涉测量光路调整。采取热控措施使得激光干涉测角仪处于良好的测量环境中。激光干涉测角仪中的反射镜安装于被测目标表面,该目标表面温度范围为 20℃±1℃,采取热控措施保证反射镜温度稳定性。反射镜随被测目标进行二维(俯仰/偏航)转动。通过温度和结构稳定性设计,保证整个测角系统在真空环境中测量被测目标的二维转角量,毫开级的控温以及测角精密优化补偿算法保证其测量精度优于 0.01″,可以满足高精度空间高指向仪器的实验室内精度验证需求。

在高精度测角精度基础上,调节光源能量,等效为不同星等的恒星,同时在不同视场位置进行星点坐标采集,在每种工况下使用正态分布统计方法得到对应的标准差,即单星高频 NEA 误差。图 6-6 是北京控制工程研究所研制的我国首台 0.01″精密指向仪器,对实验室的光学基准、多星模拟器进行精密补偿后得出光轴指向精度测量曲线如图 6-7 所示。

图 6-6　极高精度星敏感器

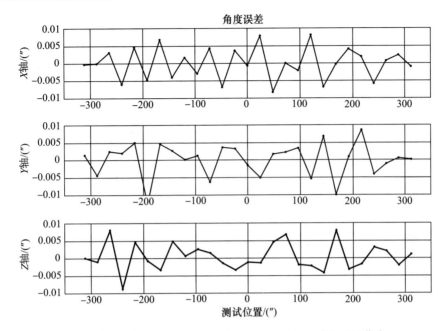

图 6-7 极高精度星敏感器实验室评估光轴指向精度测量曲线

之后结合仪器平均等效灵敏度分析结果,对应得出相应 NEA 数值,即为测量仪器静态模拟条件下的单星高频误差,参考 JPL 姿态测量误差计算公式[15],除以 $\sqrt{N}$ 即得到仪器多星条件下的姿态测量误差,如图 6-8 所示。

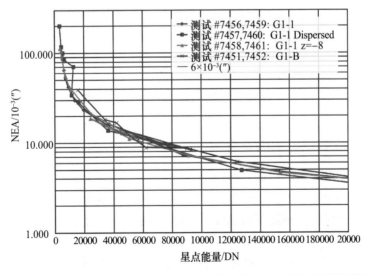

图 6-8 利用超精密干涉测角精度验证系统进行的 NEA 与星点能量关系曲线

驱使高精度单星动态模拟装置运动,运动角速度参考测量仪器在轨可能的运动特性,以正弦曲线为例运行,将仪器采集坐标进行曲线拟合,计算残差RMS,将事先标定的运动曲线误差、静态坐标误差补偿至实际观测模型,即可得到动态单星测量误差,进而参考静态多星姿态测量误差计算公式,评估得到动态姿态测量误差[19-22]。

对上述国内外实验室采用的高精度指向测量方法进行汇总,如表6-1所列。

表6-1 3种精密指向仪器NEA测试方法比较

平台名称	仪器名称	测试指标	测试方法	备注
詹姆斯·韦伯望远镜	FGS	单星定位误差	利用OGSE光源模拟单星,采集星点坐标统计分析标准差	用于评价噪声等效角
ICESAT-1	光学望远镜接收装置	单星定位误差	利用激光点光源、抛物镜、校正镜产生高精度平行光线,模拟单星,统计标准差	同上
超精密真空激光干涉测角系统	高精度指向测量仪器	单星定位误差	通过一定地面室内微振动校正手段,利用单星模拟器或多星靶标,加载多物理场影响因素,进行星点坐标标准差统计分析	单星模拟用于评价噪声等效角;多星靶标用于评价视场空间误差;多物理场加载测试用于评价光轴热漂移误差

目前北京控制工程研究所研制的超精密真空激光干涉测角系统,测量精度达到0.01″,具备多物理场加载能力,可以在实验室测量出接近在轨真实工况的指向误差。

6.2 外场测试方法分析

6.2.1 外场验证影响因素分析

当离开实验室,在外场进行高精度空间高指向测量验证时,实验室内星场和环境场的相对可控状态不复存在,外场露天的物理场环境很难保持稳定,测量难度很大。除去实验室环境下的温度、平台抖动的影响因素外,外场观星站精度验证时的主要影响因素还有室外大气湍流影响。

光波在大气中传输时,受到大气湍流的影响而产生各种效应,如闪烁、到达角起伏等,从而影响光电系统的成像质量以及空间光通信的稳定性。天文观测站在选址、设计和运行时都需要考虑大气湍流对望远镜光电性能的影响。过去发展了较多的测量方法,但由于测量方法的局限,想要通过实际测量手段获得较大时空范围内的大气湍流参数不切实际。因此,依据常规气象参数模拟和预报大气光学湍流具有重要意义。

大气湍流是大气随机运动的结果,其形成和变化都与常规气象参数有着密不可分的联系,国内外对大气光学湍流的参数模式进行了大量研究。Hufnagel等基于星光闪烁和气球探空测量数据归纳出高空大气湍流参数模式,此模式考虑了气象要素的影响,但单纯用风速平方平均不能反映大气湍流的复杂性和多样性。Warnock等对小尺度和风切变的统计模式研究基础上开发了美国国家海洋和大气管理局(NOAA)模式,利用无线电探空得到的标准气象参数估算大气光学湍流强度廓线。Bougeault等在1995年最早尝试将中尺度气象模式模拟大气光学湍流应用到天文学上。Masciadri等基于非静力学气象模式获得了三维大气光学湍流分布,水平分辨率达到500m。目前在夏威夷莫纳克亚气象中心建立了较为成熟的大气光学湍流模拟预报系统,每天两次为莫纳克亚天文台发布未来5天的常规气象参数和大气光学湍流参数的预报结果。许利明等利用中尺度气象模式获得了合肥、库尔勒、东山等地的大气光学湍流强度廓线。王红帅等尝试将大气光学湍流预报的研究成果运用到天文选址工作中[9]。

大气传输和大气背景辐射影响工作在大气中的光电测量设备性能,在设计和评估这些光电设备的性能时,必须考虑大气传输特性和大气背景辐射特性。在空间目标辐射特性测量时,要获得目标本身的辐射特性就必须定量地扣除大气衰减的影响。大气传输修正是空间目标辐射特性测量的一个重要环节,其修正精度直接影响目标辐射特性的测量精度。

6.2.2 外场测试及评估方法

高精度空间指向测量仪器在外场进行精度测试和验证时,由于受到大气视宁度、大气湍流等的影响,在实验室物理场的基础上,额外增加了大气带来的测量误差因素,极大干扰了高精度指向测试验证。

在前文中已经对0.3″~3″精度的指向仪器的外场观星测试进行过说明。目前对于高精度指向测量验证,外场条件首先需要保证极苛刻的天文观测条件,然后采用修正大气湍流的波前校正手段,可进一步修正大气干扰误差,提高高精度仪器外场验证的水平和能力。

目前比较典型的天文观测站包含TMT 30m望远镜站点、云南丽江、南极弧顶C和新疆慕士塔格峰观测站[7-8],其大气视宁度带来的指向误差统计如

表6-2所列。

表6-2 外场不同观测站大气视宁度对光轴指向测量的影响比较

观测站名称	TMT 30m 望远镜	云南丽江	南极弧顶C	新疆慕士塔格峰观测站
大气视宁度带来的指向误差(典型值)	0.05″~0.2″	0.3″~0.5″	0.3″	0.3″

以上天文观测地点的大气视宁度影响均远超极高精度指向测量仪器的性能指标,同时考虑到温度、转台、时间同步、星场等其他因素的影响,外场验证极高精度指向的难度变得更大。

此外,在天文观测中,大气湍流的动态干扰是最早被发现的,因为它极大地影响了光的传播,导致光学观测结果不理想。它会使观测到的图像不断抖动,进而使成像光斑的大小等发生变化,并且随着望远镜的口径增大,这种现象越发明显。而这种大气湍流产生的原因,是由于阳光的照射使空气温度变得不均衡,由此产生空气对流,最终在光束通过时,空气折射率不稳定,带来了湍流干扰。大气折射率的变化,就好像很多透镜分散在空气中,而这些所谓的透镜会使光束在传输过程中发生聚焦、折射和反射等不希望出现的现象,这些现象会带来光的闪烁和抖动等干扰效应。其中,大气湍流漩涡的尺度就等同于这些透镜的尺寸。

大气湍流的存在,使得望远镜实际的观测效果与理想情况产生很大偏差,这就对观测环境提出了苛刻的要求。为了补偿湍流扰动带来的偏差,人们花了很大精力研究大气湍流的运动规律,使光学系统尽可能对大气扰动进行校正,并使最终光学分辨率基本接近衍射极限。在这一前提下,就形成了先探测、再计算控制、最后校正的流程对波前畸变进行校正的思想。基于这一思想,最后发展成为自适应光学这门崭新的学科,为湍流大气扰动问题的解决寻找到新的途径。

自适应光学技术可以实时感知光束在经过大气层达到望远镜入射孔的过程中,由大气湍流带来的动态干扰而形成的波前畸变,然后经系统中的波前校正装置完成对畸变的校正。

预计2029年完成并投入应用的GMT望远镜,为了在地基条件下实现高精度天文观测目标,设计了复杂的自适应光学系统,用于修正大气影响[23]。经过复杂的建模仿真,通过不同的波前校正方式,预计对可见光波段的大气湍流影响可降低30%,对近红外波段的大气湍流影响可降低50%以上。

图6-9所示产品是我国第一台实现在轨验证的0.3″指向测量仪器,该仪器首先安装在外场观星转台,模拟一定转动角速度进行外场观星精度验证,获得姿

态四元数信息,同步采集观测时段、观测天区的大气参数,构建大气修正模型,最终将大气修正模型系数补偿到姿态四元数中进行精度分析。

图 6-9 北京控制工程研究所超高精度星敏感器

利用复杂且有效的波前校正手段,可将外场大气对高精度测量的影响降到最低,之后利用高精度测量仪器采集的姿态四元数等信息,采取以下数据分析方法进行外场精度评估。

1. 高频误差

星敏感器高频误差评估所需遥测数据如表 6-3 所列。

表 6-3 产品高频误差评估所需遥测数据格式要求

数据内容	时间长度	数据精度	相邻两帧时间间隔
星时		当量为 ms	
姿态四元数 q_0(标量)		4 个字节定点数,当量为 2^{-30}	
姿态四元数 q_1	$1000s \leq t \leq 6000s$	4 个字节定点数,当量为 2^{-30}	一般与产品的数据更新率相匹配,时间间隔相等且不大于 1s
姿态四元数 q_2		4 个字节定点数,当量为 2^{-30}	
姿态四元数 q_3		4 个字节定点数,当量为 2^{-30}	

利用相邻差分法可对星敏感器的高频误差进行有效评估,评估方法如下:

(1) 从所有姿态四元数中选择相邻时间间隔相等的姿态四元数。

(2) 对相邻两帧星敏感器姿态四元数进行叉乘,计算误差四元数。

(3) 记 t 时刻姿态四元数为 $\boldsymbol{q}_t$,$t+1$ 时刻姿态四元数为 $\boldsymbol{q}_{t+1}$,则四元数叉乘如下式,即

$$\Delta q = \boldsymbol{q}_t^{-1} \otimes \boldsymbol{q}_{t+1} \tag{6-1}$$

式中:$\boldsymbol{q}_t^{-1} = [\ -q_t(1) \quad -q_t(2) \quad -q_t(3) \quad q_t(4)\ ]$,$q_t(4)$ 为标量部分。

(4) 将计算得到的误差四元数根据公式转换为星敏感器测量坐标系 3 个轴

上的角度误差,具体转换关系为

$$\begin{cases} \psi = 2 \times \Delta q(1) \times 180 \times \dfrac{3600}{\pi} \\ \varphi = 2 \times \Delta q(2) \times 180 \times \dfrac{3600}{\pi} \\ \theta = 2 \times \Delta q(3) \times 180 \times \dfrac{3600}{\pi} \end{cases} \quad (6-2)$$

(5) 其中 ψ 为星敏感器 x 轴角度误差, φ 为星敏感器 y 轴角度误差, θ 为星敏感器 z 轴角度误差,式(6-2)计算得到星敏感器三轴角度误差单位为(″)。

(6) 若三轴角度误差曲线中存在由于卫星角速度不平稳引起的趋势项,则需将该趋势项进行拟合(3阶多项式拟合)。

(7) 去掉拟合的趋势项后,得到星敏感器三轴角度误差。

(8) 对三轴角度误差进行统计,分别计算三轴误差的标准差 σ,再计算3倍标准差,则可得到产品 x 轴误差 e_{x_h}、y 轴误差 e_{y_h} 及 z 轴误差 e_{z_h} 的高频误差(3σ)。

2. 姿态测量误差

根据获取遥测数据内容,星敏感器总误差可通过两种方法进行评估。若遥测数据中仅有一台星敏感器姿态数据,则利用多项式拟合法对该产品姿态测量误差进行评估;若可同时获取同一卫星平台两台或者两台以上星敏感器姿态数据,则可利用光轴夹角误差法对产品姿态测量误差进行评估。下面重点对多项式拟合法进行介绍。

多项式拟合法受拟合数据时间长度所限,其评估的产品姿态测量误差主要包括高频误差及视场空间低频误差,评估所需遥测数据如表6-4所列。

表6-4 多项式拟合法评估星敏感器总误差所需遥测数据格式要求

数据内容	时间长度	数据精度	相邻两帧时间间隔
星时		当量为 ms	一般与星敏感器的数据更新率相匹配,时间间隔相等且不大于1s
姿态四元数 q_0(标量)	$1000s \leqslant t \leqslant 3000s$	4个字节定点数,当量为 2~30	
姿态四元数 q_1		4个字节定点数,当量为 2~30	
姿态四元数 q_2		4个字节定点数,当量为 2~30	
姿态四元数 q_3		4个字节定点数,当量为 2~30	

具体评估方法如下:

(1) 首先对姿态四元数分别进行7阶多项式拟合,将拟合后的姿态数据作为姿态四元数的理论值。

(2) 将每个采样点的姿态四元数与拟合的姿态四元数进行叉乘,计算出误差四元数。

(3) 记 t 时刻姿态四元数测量值为 q_t,多项式拟合得到 t 时刻姿态四元数为 $\hat{q}_t$,则四元数叉乘如下,即

$$\Delta \boldsymbol{q} = \boldsymbol{q}_t^{-1} \otimes \hat{\boldsymbol{q}}_t \tag{6-3}$$

式中:$\boldsymbol{q}_t^{-1} = [\,-q_t(1) \quad -q_t(2) \quad -q_t(3) \quad q_t(4)\,]$,$q_t(4)$ 为标量部分。

(4) 将计算得到的误差四元数根据公式转换为星敏感器本体坐标系 3 个轴上的角度误差,具体转换公式为

$$\begin{cases} \psi = 2 \times \Delta q(1) \times 180 \times \dfrac{3600}{\pi} \\ \varphi = 2 \times \Delta q(2) \times 180 \times \dfrac{3600}{\pi} \\ \theta = 2 \times \Delta q(3) \times 180 \times \dfrac{3600}{\pi} \end{cases} \tag{6-4}$$

(5) 其中 ψ 为星敏感器 x 轴角度误差,φ 为星敏感器 y 轴角度误差,θ 为星敏感器 z 轴角度误差,式(6-4)计算得到星敏感器三轴角度误差单位为($''$)。

(6) 对三轴角度误差进行统计,分别计算三轴误差的标准差 σ,再计算 3 倍标准差,则可得到产品 x 轴误差 e_{x_all}、y 轴误差 e_{y_all} 及 z 轴误差 e_{z_all} 的总误差(3σ)。

(7) 根据星敏感器总误差,结合高频误差计算结果,可得到星敏感器三轴低频误差分别为

$$\begin{cases} e_{x\_l} = \sqrt{e_{x\_all}^2 - e_{x\_h}^2} \\ e_{y\_l} = \sqrt{e_{y\_all}^2 - e_{y\_h}^2} \\ e_{z\_l} = \sqrt{e_{z\_all}^2 - e_{z\_h}^2} \end{cases} \tag{6-5}$$

6.3 在轨评估方法分析

6.3.1 在轨评估影响因素分析

空间高精度指向测量仪器在轨工作时,处于真空环境,不再承受地面大气湍流的影响,但在轨复杂的温度环境交变、光照周期交变、不同天区不同密集星场目标源受天体物理影响产生的误差变化、卫星平台自身微振动对仪器产生的观

测误差将是影响空间高精度指向测量仪器性能的主要因素。

1. 在轨热场影响

空间光学遥感器(空间相机)在轨飞行时需要长期经受太阳辐射、空间冷黑背景和自身内部仪器设备工作热耗的交替影响,使得遥感器温度出现周期性的剧烈变化。而空间相机(尤其是大口径、长焦距的高分辨率空间相机)的光学系统对于温度变化十分敏感,温度对于光学系统的影响十分复杂,可能会导致成像品质严重下降甚至无法成像。为此,空间相机需要正确、恰当的热控设计,甚至是采用高精度的热控措施,来确保光学系统正常工作在所需的温度范围内。

图6-10是SWARM卫星光学平台上安装的两台丹麦科技大学高精度星敏感器,光轴夹角随着温度场变化而出现明显规律的轨道周期性变化。

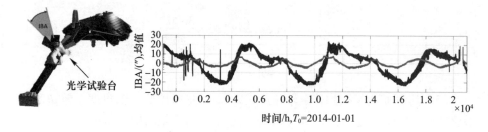

图6-10 SWARM卫星精密指向测量载荷在轨受温度影响的光轴夹角变化曲线

此外,在轨道上,受外热流、深冷空间辐射影响,仪器受到来自不同外部条件的热冲击影响,结合自身热耗、散热能力以及平台提供的主动散热、被动散热等主被动控温措施,仪器的图像探测器温度场将使探测器产生一定的热噪声,噪声的变大导致探测微弱恒星目标的信噪比下降,进而影响单星位置精度,导致姿态指向精度下降,由于一般仪器热容较大,耐受温度场产生的热噪声一般为低频变化,对高精度指向测量会产生低频干扰[24-27]。

2. 在轨光场影响

光场专指不期望的光线进入指向测量仪器的图像探测器,产生不期望的灰度,进而产生散粒噪声,同样对单星定位精度产生不利影响。此外,不期望的光子本身也携带能量,虽然光电仪器的遮光罩、多层、外壁表面处理状态的高红外半球发射率设计,但当到达仪器内部后,仍然会将光子的一部分能量通过传导及辐射的方式传递到光电探测组件,逐渐形成不均衡的温度场,与温度场因素耦合对仪器产生影响。此外,光能转换为热能后,由于太阳光的单一方向性,必然对仪器产生非对称的热应力,光能到机械应力的能量传递,最终也遵从能量守恒,必然会使结构产生微小应力位移,从而使光轴热漂移误差产生超低频变化。

3. 在轨星场影响

对姿态测量精度低于0.3″(≥0.3″)的空间指向测量仪器来讲,太阳系内、银河系内恒星光线与相对论相关的光线矢量方面的微小变化,不足以对其指向测量产生影响;但是对于高精度指向测量仪器,恒星光线"长途跋涉"到达观测者位置的方向受到"路途"各类天体物理运动的影响而存在动态变化的情况,这些微角秒级变化的效应累积,对高精度指向观测有一定影响,需要从天体物理观测、广义相对论、量子力学等多个物理理论方面进行深入研究。

2020年诺贝尔物理学奖获得者罗杰·彭罗斯、莱茵哈德·根泽尔、安德里亚·格兹等3位科学家,在银河系超大质量天体物理研究方面做出了巨大贡献。科学家认为,银河系存在至少上亿个超大质量黑洞,那么银河系4000亿颗恒星从4π空间辐射的光子达到卫星观测仪器的过程中,当经过至少1亿个黑洞时,其光线将发生偏折,同时,当观测视场中有木星、土星时,入射来的恒星光线同样发生一定程度的引力弯折,星场光线方向的变化将影响空间指向测量的精度。

6.3.2 在轨测试及评估方法

卫星有高精度光学遥感测绘平台、天基望远镜超稳平台,同时有姿态稳定度为0.0002(°)/s的常规控制平台,但受限于自身控制水平、天体摄动以及太阳光压影响,平台微振动量级大约在亚角秒量级,对高精度指向测量仪器的在轨精度评估产生极大影响,传统的单仪器精度评估难度很大。

为了真实评估高精度指向精度,较为合理可行的评价方法为评价两台在轨仪器的光轴夹角误差,进而从中剥离单台仪器的分项误差。而评估光轴夹角的具体方案包含两种:一种为在轨同步配备第三方超精密测量手段,专门监测光轴夹角变化;另一种为利用测量仪器自身采集的目标坐标信息或姿态指向信息,分析得到光轴夹角误差变化趋势和幅值[28-31]。

1. 利用第三方测量手段监测的光轴夹角分析法

载荷的基准是否发生变化在一定程度上决定了其工作质量,如对地观测相机的视轴指向与星敏感器所在姿态测量系统之间的关联基准精度将直接影响卫星的地面定位精度。一般情况下,通过机械固连方式能够减小一部分基准传递误差,但无法避免轨道力、热环境变化带来的变形影响。目前,国际上一些天文观测卫星已经将空间星光测量技术应用于基准监测及标校。主要思路是通过主动光源引光建立星上载荷与整个工作链路上测量部件之间的联系,实时监测和修正基准漂移。

德国的 X 射线卫星(ROSAT),通过安装在载荷焦平面的主动光源发射光线,经过棱镜折转后进入星敏感器的视场内成像,从而计算得到载荷光轴和星敏感器光轴之间的实时角度关系,用于观测数据的事后修正和处理,测量精度为 $1''(1\sigma)$。利用以上可见光共光路进行载荷基准的传递和监测精度最多达到亚角秒量级,无法对更高精度量级的指向测量仪器进行基准或夹角监测,需要设计全新的测角方法。

GAIA 两个望远镜在轨通过 BAM(basic angle monitoring)监视系统进行光轴夹角漂移验证,对于更高精度级甚至微角秒级精度指向仪器,需要其他测量手段进行评估。比如:GAIA 上的两个望远镜,在轨主要通过共光路安装的激光干涉测角装置对望远镜光路夹角进行测算和监视(图 6-11),基本原理是通过共光路设计,对主动发射的激光进行相位调制形成干涉条纹,对干涉条纹进行相位和强度解算,得到两套 FGS 光轴夹角在轨漂移误差(图 6-12)。这种方案既评估出了噪声等效角,也评估出了光学视场空域低频误差和光轴长期热漂移误差。

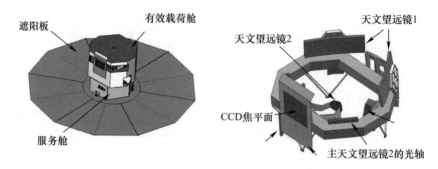

图 6-11 BAM 夹角变化示意图

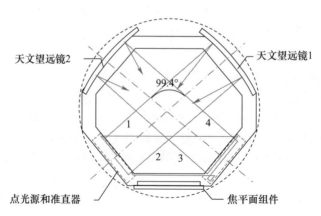

图 6-12 BAM 系统功能示意图

对于超精密皮米级或微角秒级精度测角而言,测量稳定性是指在每6h的测量周期内实现指标要求的测量精度。卫星主动段发射时产生的振动和冲击对BAM系统结构稳定性产生一定影响。在超稳定结构设计时,需要对光学机械元件、光学工作台、反射镜及分束器碳化硅等低热膨胀系数的材料进行处理。同时要求在轨对BAM系统进行毫开级超精密热控,从而实现1pm(位置)或0.01″的测量精度。之后通过测量干涉条纹的相位关系,反演出位置误差和角度误差,实现高精度测角目标。

分析BAM数据的方法包含互相关、傅里叶变换、最大似然方法。其中,互相关方法将每个观察到的BAM图像与参考模板进行比较,在这种情况下,恒星图像的相关函数不是一个单峰,而是一个预期的周期函数,这种方法速度快、精度高,但是受到系统性误差的影响,无法根据BAM图像的特殊性进行调整。最大似然方法可以通过对每个像素使用适当的权重来实现,但这种方法处理速度较慢。

图6-13是GAIA分析得到的光轴夹角误差,其受温度场影响呈现周期性特点,可以达到0.002″精度水平。

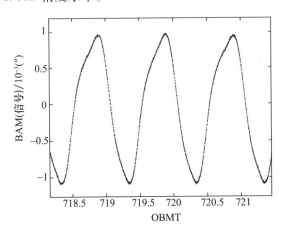

图6-13　BAM监测的光轴夹角变化曲线

图6-14是BAM条纹相位周期信号的傅里叶分析,周期性残差为$1×10^{-6}(″)$,且没有明显的系统残差。BAM能够监视平台抖动的微小高频误差、激光器周期性微小不稳定性、仪器自身星场热场带来的微角秒级高精度指向测量误差。

高分7号卫星是我国首颗民用亚米级光学传输型立体测绘卫星,搭载了亚角秒星敏感器、双线阵立体相机、激光测高仪等有效载荷,依托亚角秒星敏感器超稳光机结构设计、光轴测量误差精密补偿技术,突破亚米级立体测绘相机技

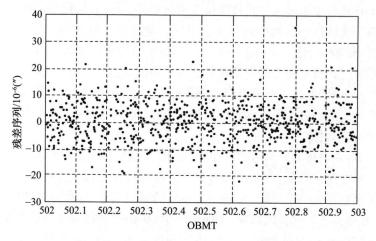

图6-14 BAM条纹相位周期信号的傅里叶分析

术,从而获取高空间分辨率光学立体观测数据和高精度激光测高数据。该卫星主要采取结构稳定和热控措施等被动测量方法,通过安装布局进行间接控制相机相对星敏感器的基准变化;随着激光器等主动测量技术的发展,越来越多的测绘遥感卫星直接将载荷的指向相对于星敏感器指向的偏差测量出来,进而实现精密补偿。

嫦娥4号、嫦娥5号以及火星探测器基于传统的被动测量及光轴夹角保持方法,对使用的高精度星敏感器、高精度陀螺以及相机进行精密误差补偿,突破了月面和火星复杂环境下的星敏感器光轴夹角自标定技术,有力地支撑了我国深空探测任务的顺利实施。

国内武汉大学在研的珞珈3号卫星上搭载了中国科学院长春光机所研制的亚角秒星相机,用于对地相机的指向测量,拟采用与对地相机共支架安装以及高精度热控进行光轴的被动保持;受到外热流影响产生的光轴夹角波动问题,主要依托星相机下传图像计算姿态,进而利用精密事后处理技术进行光轴夹角事后趋势项拟合补偿。

2. 利用自身数据的光轴夹角误差法

光轴夹角误差法可对产品在轨长时间姿态测量误差进行评估,评估时间一般需大于一个轨道周期,该方法评估的姿态测量误差主要包括高频误差、视场空间低频误差及热稳定性漂移。由于光轴夹角误差法主要利用两台星敏感器姿态测量数据,其计算光轴夹角误差不仅包括星敏感器自身测量误差,同时也包含星敏感器安装支架及卫星平台等热漂移,这部分误差项中主要为星敏感器自身测量误差。光轴夹角误差法评估所需遥测数据如表6-5所列。

表6-5 光轴夹角误差法评估星敏感器总误差所需遥测数据格式要求

数据内容	时间长度	数据精度	相邻两帧时间间隔
星时	不小于1个轨道周期	当量为ms	不大于5s
星敏感器1姿态四元数q_0(标量)		4个字节定点数,当量为2~30	
星敏感器1姿态四元数q_1			
星敏感器1姿态四元数q_2			
星敏感器1姿态四元数q_3			
星敏感器2姿态四元数q_0(标量)	不小于1个轨道周期	4个字节定点数,当量为2~30	不大于5s
星敏感器2姿态四元数q_1			
星敏感器2姿态四元数q_2			
星敏感器2姿态四元数q_3			

说明:进行光轴夹角计算时,要求利用星敏感器1与星敏感器2同一时刻姿态数据计算光轴夹角,两台星敏感器计算光轴夹角的姿态数据对应时间差为固定值或时间差不大于1ms(产品角速度为0.06(°)/s)。

具体分析方法如下:

(1) 计算同一时刻两台星敏感器光轴夹角,具体计算公式为

$$\theta_t = \arccos(Z_1' \cdot Z_2) \tag{6-6}$$

式中:Z_1为t时刻星敏感器1对应姿态矩阵第三行数据;Z_2为t时刻星敏感器2对应姿态矩阵第三行数据;θ_t为t时刻计算得到星敏感器1与星敏感器2光轴夹角。式(6-6)计算得到夹角单位为rad,应将其单位转化为(°)。

(2) 计算光轴夹角平均值,两台产品光轴夹角误差即为光轴值减去光轴夹角平均值,将其单位转化为(″)。

(3) 统计两台星敏感器光轴夹角误差的标准差,记为e_{all},单个星敏感器光轴姿态测量误差$e_a = 3 \times e_{all}/\sqrt{2}$,星敏感器$x$轴姿态测量误差$e_x = 3 \times e_a/\sqrt{2}$,星敏感器$y$轴姿态测量误差$e_y = 3 \times e_a/\sqrt{2}$。

根据上述方法可计算得到产品x轴与y轴姿态测量误差(3σ)。光轴夹角误差法是利用两台星敏感器光轴姿态进行误差评估,不能评估产品的z轴误差。光轴夹角误差法计算的姿态测量误差略大于星敏感器实际姿态测量误差,但该方法可有效评估星敏感器随轨道周期变化的低频误差。

图6-15是我国高分7号卫星安装的亚角秒星敏感器在轨光轴夹角误差曲线。由于受到在轨周期性热环境变化影响,星敏感器支架出现变形,使星敏感器光轴夹角存在一定的周期性变化。

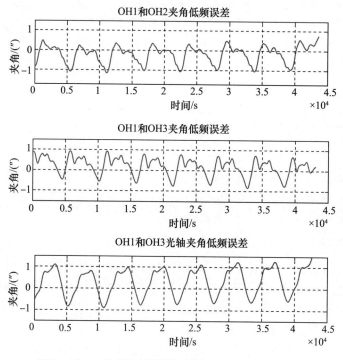

图6-15 亚角秒星敏感器光轴夹角变化曲线(在轨)

6.4 空间高精度测量不确定度分析

参考《测量不确定度评定与表示》(GB/T 27418—2017)[32-34],不确定度定义为利用可获得的信息,表征赋予被测量量值分散性的非负参数。测量不确定度包含系统效应引起的分量,如与修正量和测量标准所赋量值相关的分量及定义的不确定度。

对于空间高精度指向测量仪器,在不同测试场合条件下验证指向精度时,由于仪器所处的多物理场因素存在差异,多物理场自身表现出的对仪器直接或间接产生影响的误差不确定度也存在差别,需要分别对实验室、外场观测站、在轨卫星平台3种场合进行仪器测量误差的不确定度分析。

1. 实验室测量不确定度分析

依据《测量不确定度评定与表示》(JJF 1059.1—2012)的要求,参考实验室高精度测量的原理、条件及方法,下面对单星定位误差测量不确定度进行分析。

1) 干涉测角误差

初始零位角、棱镜常数是影响激光干涉测角的主要因素。干涉测角原理如图 6-16 所示。

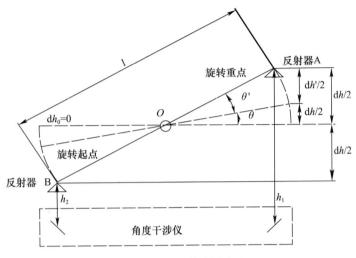

图 6-16 干涉测角原理

初始零位角误差 θ_0 引入的不确定度在 ±5″范围内服从 U 形分布；反射角锥棱镜误差引入的光程差 e 由棱镜面型、棱镜入射面平行度误差、厚度误差决定。

参照《激光小角度测量仪检定规程》（JJG 998—2005），调整初始零位角度在 ±5.0″内，采用多位置平均法分离转台角位置定位偏差，实现高准确度棱镜常数标定。

之后采用蒙特卡罗方法仿真，仿真次数为 10^6 次，不确定度评估结果如下：当被测角度为 1°时，测量不确定度为 $U_{it} = 0.006″$，95% 的置信区间为 [3599.988″,3600.012″]。其仿真曲线如图 6-17 所示。

2) 转台误差

转台转角的测量标准不确定度一般采用 B 类方法评定。由转台检测报告可知，转台在零位 ±1°小角度的测角误差记为 $\sigma_{t\alpha}$、$\sigma_{t\beta}$，分别对应俯仰轴和偏航轴的测角误差（实测为 0.3″、0.3″）。转台角位置误差满足均匀分布，则转台俯仰和偏航方向测角的标准不确定度按下面公式计算，即

$$Ut\alpha = \frac{\sigma t\alpha}{\sqrt{3}} = 0.2″ \quad (6-7)$$

$$Ut\beta = \frac{\sigma t\beta}{\sqrt{3}} = 0.2″ \quad (6-8)$$

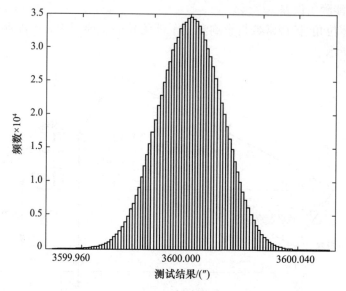

图 6-17 干涉测角测量不确定度蒙特卡罗方法仿真曲线

转台综合影响下的测角不确定度为

$$U_t = \sqrt{U_{t\alpha}^2 + U_{t\beta}^2} = 0.28'' \quad (6-9)$$

3）目标光源能量稳定度误差

目标光源能量稳定度变化服从均匀分布，假定光源模拟恒星星点的能量波动等效的指向误差为 $\sigma l = 0.001''$，则光源自身带来的测量不确定度为

$$U_{t\alpha} = \frac{\sigma l}{\sqrt{3}} = 0.0006'' \quad (6-10)$$

4）系统抖动误差

采用1nrad分辨率的超高精度倾角传感器对系统平台进行监测，其标准差指标为0.000206″，由10次重复性测量引入的标准不确定度采用A类方法进行评定，即

$$U_j = \frac{\sigma j}{\sqrt{10}} = 0.00006'' \quad (6-11)$$

5）星点坐标误差

星点坐标误差体现在两个方面：一是仪器自身误差不确定度；二是测量环境引入的误差不确定度。测量不确定度主要由于小光学视场测量仪器图像探测器读出噪声等误差引入，体现为重复性误差，星点坐标的测量不确定度与测试环境多物理场存在相关性，在测量不确定度评定时需要通过试验得到相关灵敏系数。

对由于读出噪声引入的重复性坐标误差,一般采用 A 类测量不确定度评定方法进行评价,即连续采集 N 次星点坐标数据,N 的取值需包络至少2倍数据更新率的帧数,统计得到样本的标准差 $S_N = 0.001''$,按照以下公式进行计算,即

$$U_s = \frac{S_N}{\sqrt{6}} = 0.00017'' \qquad (6-12)$$

由于转台误差可由干涉测角进行补偿,故在计算合成标准不确定度时,不考虑转台误差,有

$$U = \sqrt{U_{it}^2 + U_t^2 + U_j^2 + U_s^2} = 0.0061'' \qquad (6-13)$$

取包含因子 $k=2$,扩展不确定度为 $0.0122''$。

2. 外场测量不确定度分析

参考实验室测量不确定度分析方法,不确定度溯源包含转台测量不确定度、大气湍流导致的恒星位置测量不确定度、系统抖动不确定度、星点坐标测量不确定度。部分已经在实验室条件下进行了分析,下面对其他的不确定度进行分析。

针对大气湍流导致的恒星位置测量不确定度,以云南丽江天文台为例,其最佳天文观测夜对恒星指向误差影响的标准差为 $\sigma_{as} = 0.3''$,由 10 次重复性测量引入的标准不确定度采用 A 类方法进行评定,即

$$U_{as} = \frac{\sigma_{as}}{\sqrt{10}} = 0.095'' \qquad (6-14)$$

则外场合成标准不确定度计算式为

$$U = \sqrt{U_t^2 + U_j^2 + U_s^2 + U_{as}^2} = 0.296'' \qquad (6-15)$$

取包含因子 $k=2$,扩展不确定度为 $0.59''$。

3. 在轨测量不确定度分析

假定在轨温控将高精度测量仪器的工作温度控制在 $\pm 0.1\text{℃}$ 范围内,则仪器安装面温度波动带来的光轴指向误差可以忽略。此外,在太阳光入射角大于 $90°$ 的时间段内对仪器进行数据采集分析。

参考实验室测量不确定度分析方法,不确定度溯源包含星点坐标测量不确定度、恒星目标星表误差不确定度两项。根据 GAIA EDR3 最新发布情况说明,恒星目标星表误差优于 $2 \times 10^{-5}('')$,参考 JPL 误差分析公式,恒星误差不确定度计算式为

$$U_{star} = \frac{\sigma_{star}}{\sqrt{16}} = 0.000005'' \qquad (6-16)$$

则在轨测量不确定度为

$$U = \sqrt{U_s^2 + U_{star}^2} = 0.00017'' \qquad (6-17)$$

取包含因子 $k=2$，扩展不确定度为 $0.00034''$。

6.5 本章小结

空间高精度测量仪器误差的测试场合一般包含地面实验室、外场观测站和在轨卫星平台。本章从实验室测试方法、外场测试方法和在轨评估方法出发，重点围绕指向测量误差的测试验证及评估展开阐述，对各方法的影响因素进行了分析，对当前国内外开展过的测试与评估方法进行了梳理汇总。最后，对实验室、外场和在轨测量的不确定度分析进行阐述。

参考文献

[1] 袁利,王苗苗,武延鹏,等. 空间星光测量技术研究发展综述[J]. 航空学报,2020,41(8):7-18,2.

[2] GIELESEN W,De BRUIJN D,Van DEN DOOL T,et al. Gaia basic angle monitoring system[C]//Space Telescopes and Instrumentation 2012:Optical,Infrared,and Millimeter Wave. International Society for Optics and Photonics,2012,8442:84421R.

[3] MORA A,BIERMANN M,BROWN A G A,et al. Gaia on-board metrology:basic angle and best focus[C]//Space Telescopes and Instrumentation 2014:Optical,Infrared,and Millimeter Wave. International Society for Optics and Photonics,2014,9143:91430X.

[4] PREEYMAN M A C,de BOER K S,GILMORE G,et al. GAIA:Composition,formation and evolution of the Galaxy[J]. Astronomy & Astrophysics,2001,369(1):339-363.

[5] LINDEGREN L. High-accuracy positioning:astrometry[J]. ISSI Scientific Reports Series,2010,9:279-291.

[6] HOWARD J M. Optical modeling activities for NASA's James Webb Space Telescope (JWST):III. Wavefront aberrations due to alignment and figure compensation[C]//Optical Modeling and Performance Predictions III. International Society for Optics and Photonics,2007,6675:667503.

[7] 郭锐,杨磊,翟东升,等. 丽江高美古2号点的大气视宁度观测[J]. 天文研究与技术,2008,5(4):398-403.

[8] 青春,吴晓庆,李学彬,等. WRF模式估算丽江高美古大气光学湍流廓线[J]. 中国激光,2015,42(9):316-323.

[9] 王红帅,姚永强,刘立勇. 大气光学湍流模型研究进展[J]. 天文学进展,2012,30(3):362-377.

[10] 李玲,赵野. 大口径空间相机地面装调时的重力卸载方法[J]. 航天返回与遥感,2016,

37(5):69-76.

[11] 刘佳成,刘牛. 银河系光行差及其对天文参考架的影响[J]. 天文学报,2020,61(1):115-127.

[12] 陈鼎,王家骥,陈力. HST WFPC2 天体测量和测光方法最新进展[J]. 天文学进展,2004(3):209-218.

[13] 庞博,黎康,汤亮,等. 星敏感器误差分析与补偿方法[J]. 空间控制技术与应用,2017,43(1):17-24.

[14] 庞博,李果,黎康,等. 一种基于地标的星敏感器低频误差在轨校正方法[J]. 航天器工程,2018,27(3):79-85.

[15] TURON C, MEYNADIER F, ARENOU F, et al. Basic principles of scanning space astrometry[J]. European Astronomical Society Publications Series,2010,45:109-114.

[16] 熊凯,汤亮,刘一武. 基于地标信息的星敏感器低频误差标定方法[J]. 空间控制技术与应用,2012,38(3):11-15.

[17] 隋杰,程会艳,余成武,等. 星敏感器光轴热稳定性仿真分析方法[J]. 空间控制技术与应用,2017,43(4):37-41.

[18] HAGOPIAN J, EVANS T, BOLCAR M, et al. ICESat-2 ATLAS telescope testing[C]//2015 IEEE Aerospace Conference. IEEE,2015:1-7.

[19] DRESSEL L. Wide Field Camera 3 Instrument Handbook, Version 4.0 (Baltimore: STScI), 2011.

[20] MACKENTY J W, KIMBLE R A, OCONNELL R W, et al. Wide field camera 3: science capabilities and plans for flight operation [C]//Space Telescopes and Instrumentation 2008: Optical, Infrared, and Millimeter. International Society for Optics and Photonics,2008,7010:70101F.

[21] KIMBLE R A, MACKENTY J W, O'CONNELL R W, et al. Wide Field Camera 3: a powerful new imager for the Hubble Space Telescope [J]. Proc SPIE 7010,2008.

[22] MACKENTY J W, KIMBLE R A, O'CONNELL R W, et al. On-orbit performance of HST Wide Field Camera 3[J]. Proc. SPIE 7731,2010.

[23] BOUCHEZ A H, ACTON D S, BIASI R, et al. The Giant Magellan telescope adaptive optics program[C]//Adaptive Optics Systems IV. International Society for Optics and Photonics, 2014,9148:91480W.

[24] MCCULLOUGH P. Geometric model of UVIS window ghosts in WFC3[J]. STScI Instrument Science Report WFC3,2011,16:2011.

[25] WONG M H. Amplitude of fringing in WFC3/UVIS narrowband red filters[J]. Space Telescope WFC Instrument Science Report,2010:4.

[26] PIRZKAL N, MACK J, DAHLEN T, et al. Sky Flats: Generating Improved WFC3 IR Flat-fields[J]. STScI Instrument Science Report WFC3,2011,11:2011.

[27] PIRZKAL N, VIANA A, RAJAN A. The WFC3 IR "Blobs"[J]. WFC3 Instrument Science

Report, 2010: 6.

[28] HILBERT B, PETRO L. WFC3/IR Dark Current Stability[J]. WFC3 ISR, 2012, 11: 2018-03.

[29] MCCULLOUGH P, MACKENTY J. Considerations for using Spatial Scans with WFC3 [J]. Instrument Science Report WFC3, 2012, 8: 2012.

[30] De BRUIJINE J, KOHLEY R, PRUSTI T. Gaia: 1,000 million stars with 100 CCD detectors [C]//Space Telescopes and Instrumentation 2010: Optical, Infrared, and Millimeter Wave. International Society for Optics and Photonics, 2010, 7731: 77311C.

[31] MORA A, BASTIAN U, BIERMANN M, et al. The Gaia Basic angle: measurement and variations[J]. European Astronomical Society Publications Series, 2014, 68: 65-68.

[32] 全国认证认可标准化技术委员会. 测量不确定度评定和表示: GB/T 27418—2017[S]. 北京: 中国标准出版社, 2018.

[33] 中国人民解放军总装备部. 测量不确定度的表示及评定: GJB 3756A—2015[S]. 北京: 总装备部军标出版发行部, 2015.

[34] 全国法制计量管理计量技术委员会. 测量不确定度评定与表示: JJF 1059.1—2012[S]. 北京: 中国质检出版社, 2013.

内 容 简 介

本书较为系统地论述了空间高精度星光测量理论与技术,主要内容包括恒星目标特性与相对论参考基准、成像链路物理过程和误差模型、定位误差与视场误差标定方法以及空间高精度测试验证等。本书收录了作者团队近年来在国家部委预研重点项目、国家自然科学基金等项目的资助下在空间高精度星光指向测量领域的最新研究成果。

本书可为从事空间高精度星光指向测量技术研究与应用的科研人员、工程技术人员以及高等院校相关专业高年级学生或研究生提供参考。

This book explores the theory and technology of space high precision starlight measurement, which mainly include characteristics of stellar target and relativistic reference standard, physical process and error model of imaging chains, calibration methods of positioning error and field of view error as well as test and verification of space high precision starlight measurement. This book contains the latest research results of the authors' teamwork in the field of space high precision starlight pointing measurement under the support of relevant national ministries and commissions (some pre-research key projects) and the National Natural Science Foundation in recent years.

This book can provide reference for researchers and engineers engaged in the reasarch and application of space high precision starlight pointing measurement, and it can also be used as a references book for senior college students or graduate students in related fields.